Klasse 7-10

Barbara Theuer

Optik

Die Wege des Lichts

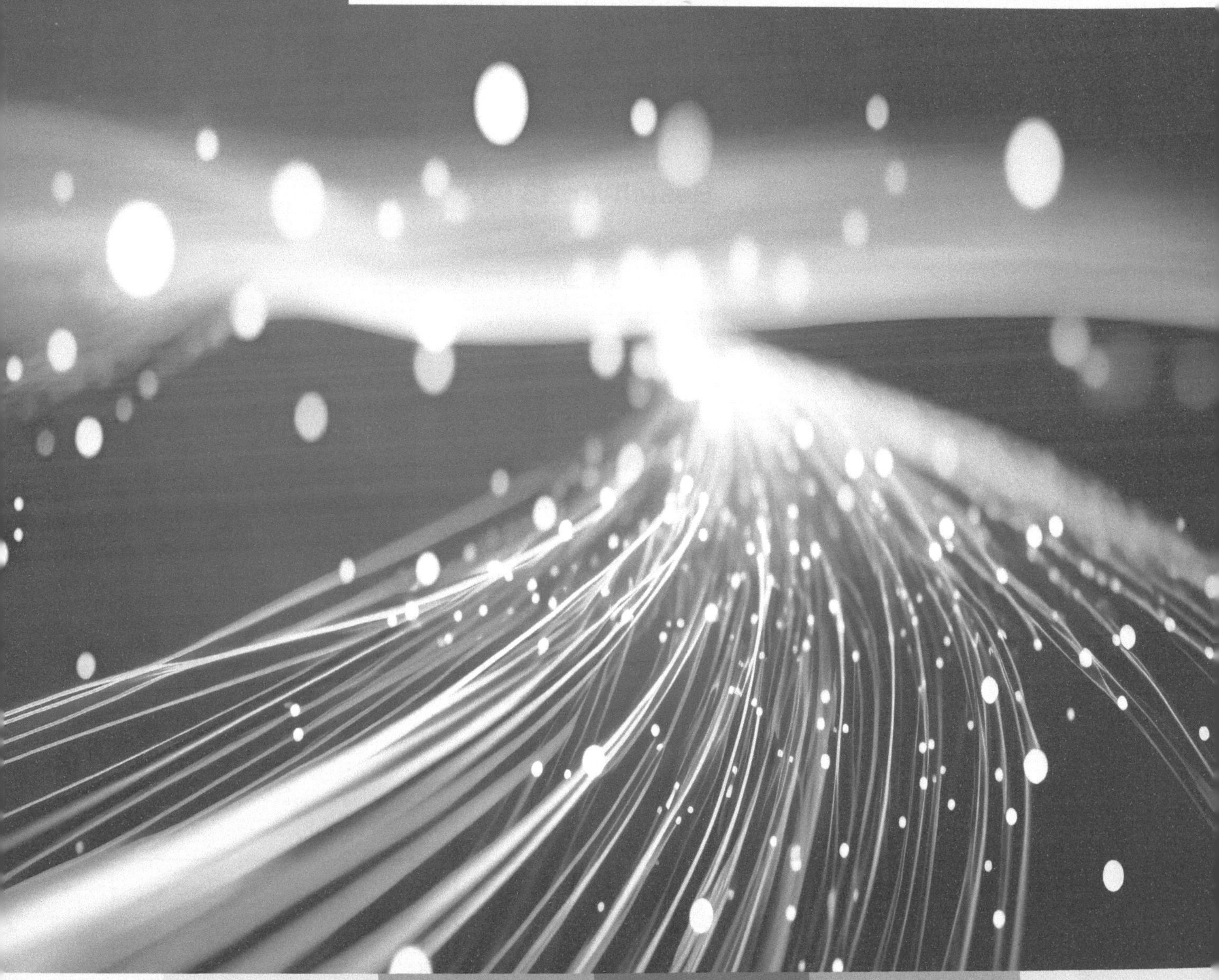

- Optische Phänomene & Geräte
- Reflexion & Lichtbrechung
- Linsen, Farbspektrum u.v.m.

OPTIK

Die Wege des Lichts

2. Auflage 2025

Inhalt: Barbara Theuer
Umschlagbild: © Fernando Cortés & fotobieshutterb - AdobeStock.com
Redaktion: Kohl-Verlag
Grafik & Satz: Eva-Maria Noack / Kohl-Verlag
Druck: elanders Druck, Waiblingen

Bestell-Nr. 13 032

ISBN: 978-3-98841-072-6

Kontakt: Kohl-Verlag, An der Brennerei 37-45, 50170 Kerpen
Tel: +49 2275 331610, Mail: info@kohlverlag.de

Inhalt

Vorwort

Das Heft „Optik“ – die Wege des Lichts“ ist als Wühlkiste gedacht, in welcher sich Material mit Informationen zur historischen Entwicklung optischer Instrumente einschließlich deren Bedeutung für die Entwicklung der Naturwissenschaft und Aufgaben unterschiedlichen Anforderungsniveaus zum Beobachten und Beschreiben optischer Phänomene, Interpretieren, Kombinieren, Konstruieren von Projektionsbildern sowie auch zum Berechnen optischer Sachverhalte findet.

Fachübergreifend zum Mathematikunterricht kommen bei der Herleitung von Abbildungsgleichung und Linsengleichung, sowie beim Berechnen optischer Größen der Strahlensatz und Bruchgleichungen zur Anwendung.

Die Lesetexte sind sowohl zur Information – beispielsweise über die Geschichte der Optik – als auch zum Pflegen des Lesens zum Wissenserwerb eingefügt.

Je nach Stand bei der Erfüllung des Lehrplanes und dem Anforderungsniveau enthält das Heft Materialien für den Lehrgang Optik im Physikunterricht der Klassenstufen 7 und 10.

Nebst Aufgaben zum Konstruieren und Berechnen bei der Bildentstehung sind viele Aufgaben abwechslungsreich im Quizformat oder als Rätsel gestaltet, sodass für die Behandlung der Optik in jeder Klassenstufe etwas Brauchbares zur Ergänzung und Auflockerung des Unterrichts sowie für die Selbsttätigkeit der Schüler* dabei ist.

Viel Erfolg bei der Arbeit mit diesem Material wünschen
das Kohl-Verlagsteam und

Barbara Theuer

** Aufgrund der besseren Lesbarkeit wird im Folgenden die männliche Form Schüler bzw. Lehrer verwendet. Gemeint sind damit selbstverständlich auch die weiblichen Personen.*

1 Vom Licht und seiner Ausbreitung (Blatt 1)

Modelle für die physikalischen Eigenschaften des Lichts

(1) In der **Strahlenoptik**	(2) In der **Wellenoptik**	(3) In der **Quantenoptik**
Veranschaulichung der *geradlinigen Ausbreitung* des Lichts durch *„Lichtstrahlen“*	Betonung der *Wellennatur* des Lichts	Beschreibung des Lichts *als ein Strom von Photonen* (Lichtquanten, Teilchen)

Erkennen der Welt durch optische Wahrnehmung

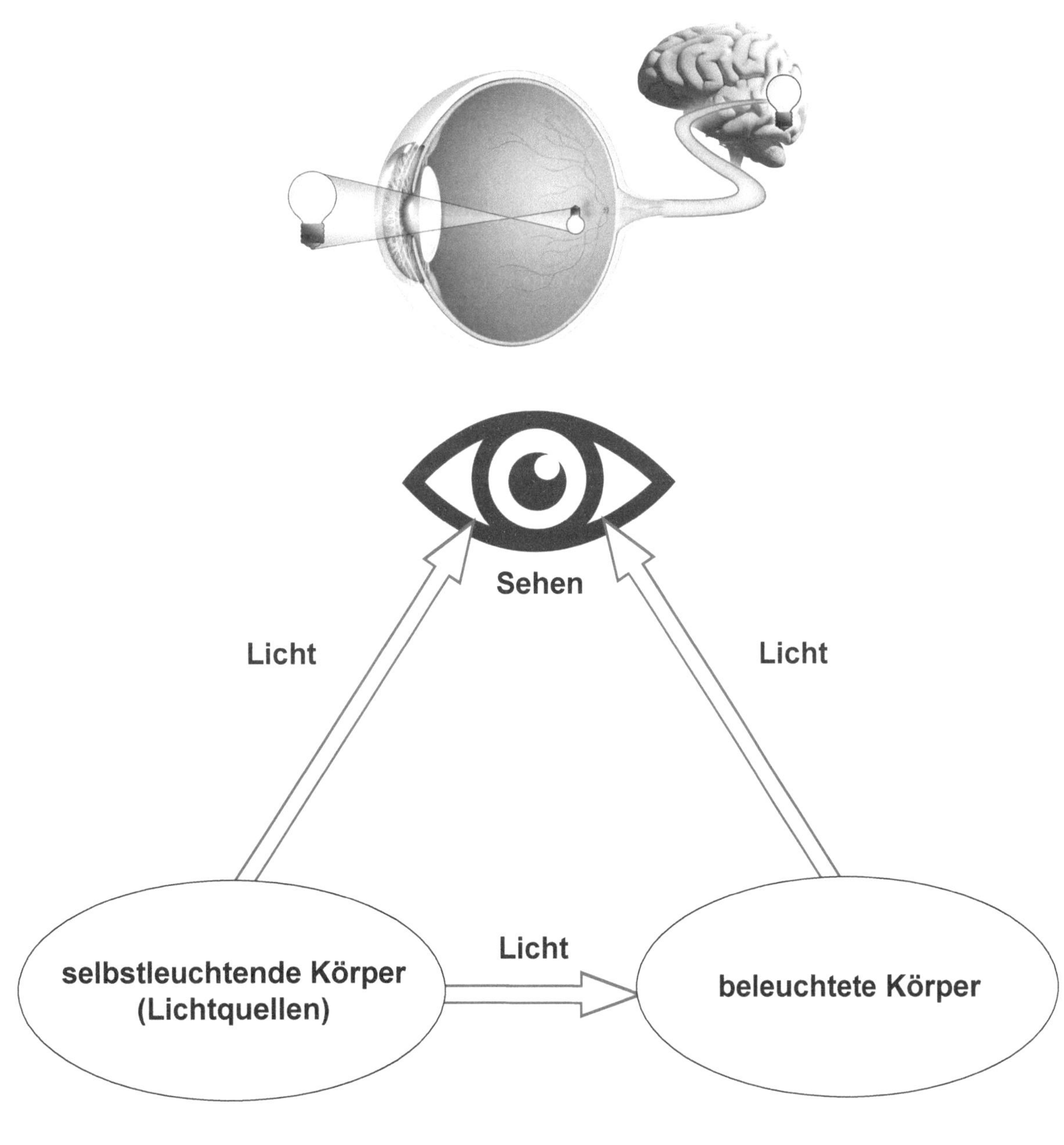

OPTIK Die Wege des Lichts – Bestell-Nr. 13 032
KOHL VERLAG

1 Vom Licht und seiner Ausbreitung (Blatt 2)

EA **Aufgabe 1**: **(Für Fortgeschrittene)**

Nenne je ein Argument dafür, dass jedes der Modelle für die physikalischen Eigenschaften des Lichts (siehe Blatt 1) sinnvoll ist und Erscheinungen der realen Welt widerspiegelt.

EA **Aufgabe 2**: *Was versteht man in der Physik unter einem Lichtstrahl? Welche Aussagen sind zutreffend? Kreuze an.*

☐ **A** Ein Lichtstrahl existiert real. Er beginnt in der Lichtquelle und hat – in Analogie zur geometrischen Definition des „Strahls" – trotz eines möglichen optischen Hindernisses keinen Endpunkt.

☐ **B** Ein Lichtstrahl ist eine gedachte Linie, welche den geradlinigen Ausbreitungsweg des Lichtes kennzeichnet.

☐ **C** Lichtstrahlen kann man sich auch als Randstrahlen von Lichtbündeln vorstellen.

☐ **D** Lichtstrahlen bestehen aus Materie; sie haben folglich Masse und Volumen.

☐ **E** Ausgehend von einer Lichtquelle „rast" das Licht im Vakuum mit der konstanten Geschwindigkeit von 299.792.458 m/s (etwa 300.000 km/s) geradlinig – symbolisiert als Strahl – durchs All.

☐ **F** Lichtstrahlen ändern ihre Richtung durch Reflexion, Brechung oder Streuung nur dann, wenn sie auf andere Körper treffen bzw. in ein anderes Medium übergehen.

EA **Aufgabe 3**:

Wir können am Nachhimmel sowohl die Sterne als auch den Mond (Neumond ausgeschlossen) sehen. Erläutere den Unterschied und erkläre das Phänomen „Neumond".

2 Optische Phänomene und Begriffe im Suchrätsel

Aufgabe: *Im Buchstabengewirr sind sowohl waagerecht als auch senkrecht 27 Wörter zu optischen Phänomenen und Begriffen aus der Optik versteckt. Die Wörter können sich kreuzen. Notiere sie unten.*

W	A	T	N	B	R	E	N	N	P	U	N	K	T	O
I	K	L	O	C	H	K	A	M	E	R	A	Z	E	B
B	R	I	L	L	E	V	U	D	O	E	M	A	R	J
O	P	C	O	K	U	L	A	R	C	F	A	R	E	E
N	U	H	E	G	B	E	S	B	H	L	U	P	E	K
O	P	T	I	K	L	I	T	I	E	E	G	U	L	T
R	I	S	P	I	E	G	E	L	I	X	E	H	L	I
I	K	T	F	S	N	Q	A	D	L	I	N	S	E	V
G	O	R	O	U	D	M	I	K	R	O	S	K	O	P
I	N	A	T	L	E	Y	F	E	R	N	R	O	H	R
N	K	H	O	X	O	V	I	R	T	U	E	L	L	I
A	A	L	B	T	E	L	E	S	K	O	P	O	T	S
L	V	R	E	G	E	N	B	O	G	E	N	K	E	M
S	P	E	K	T	R	A	L	F	A	R	B	E	N	A
A	B	R	E	C	H	U	N	G	K	O	N	V	E	X

Waagerecht

Senkrecht

3 Licht malt Bilder

3.1 Die *Camera obscura* (Blatt 1)

Ein Blick in die Geschichte der fotografischen Kamera

Mit einer „dunklen Kammer“ – lateinisch „*Camera obscura*“ – fing das Einfangen der Wirklichkeit auf einer Wand, auf einem Leinentuch oder auf Pergament an. Allerdings musste die dunkle Kammer ein kleines Loch in einer Wand zum Durchlassen des Lichtes haben.

Das Funktionsprinzip der Lochkamera zur Erzeugung eines auf dem Kopf stehenden Bildes von einem realen Objekt hatte bereits Aristoteles im 4. Jahrhundert vor Christus erkannt; genutzt wurde die Camera obscura aber erst seit dem 13. Jahrhundert zu astronomischen Beobachtungen sowie in der Renaissance der europäischen Kunst zur Herstellung von Zeichnungen, Karten, architektonischen Aufzeichnungen und Gemälden. Dazu bedurfte es einer transparenten Rückwand.

Leonardo da Vinci (1452–1519) untersuchte den Strahlengang des Lichts beim Benutzen der Camera obscura und stellte fest, dass ihr Prinzip im menschlichen Auge wiederzufinden ist.

Im Jahr 1686 konstruierte der Forscher Johann Zahn eine transportable *Camera obscura*. Ein Spiegel, der im Winkel von 45° zur optischen Achse der Linse im Inneren der Kamera angebracht war, reflektierte das Bild nach oben auf eine Mattscheibe, die beim Transport durch einen aufklappbaren Deckel geschützt werden konnte. Von der Mattscheibe konnte das Bild bequem abgezeichnet werden. Ein Gerät dieser Bauart benutzte auch Johann Wolfgang von Goethe auf seinen Reisen.

3.1 Die *Camera obscura (Blatt 2)*

Funktionsweise der Camera obscura und Abbildungsgeometrie

Das Licht fällt durch ein kleines Loch (Blende) einer Scheibe (Wand) in einen ansonsten lichtdichten Hohlkörper. Jeder Punkt eines realen Gegenstandes der Außenwelt – des Originals – sendet Licht, dessen Ausbreitungsweg idealisiert mittels Lichtstrahlen dargestellt werden kann, aus.

Exemplarisch betrachten wir zwei Originalpunkte A und B, welche die Gegenstandshöhe bestimmen. Strahlen vom oberen Bereich eines Gegenstands fallen auf den unteren Rand der Projektionsfläche, Strahlen vom unteren Bereich werden nach oben weitergeleitet. Somit ist A‘ der Bildpunkt des Punktes A und B‘ der Bildpunkt des Punktes B. Analoges gilt für die Projektion von Punkten des linken und rechten Bereiches des Gegenstandes. Jeder Punkt des Gegenstandes wird als Scheibchen auf der Projektionsfläche abgebildet.

Auf diese Weise wird ein seitenverkehrtes und auf dem Kopf stehendes Bild des real existierenden Gegenstandes als Projektion erzeugt.

Beim Vergrößern des Loches werden die auf der Mattscheibe entstehenden Lichtflecke größer; das Bild wird durch den verstärkten Lichteinfall heller, aber nicht größer. Allerdings überlappen sich benachbarte Lichtflecke bei vergrößertem Loch stärker, was die Wahrnehmung eines unscharfen Bildes bewirkt.

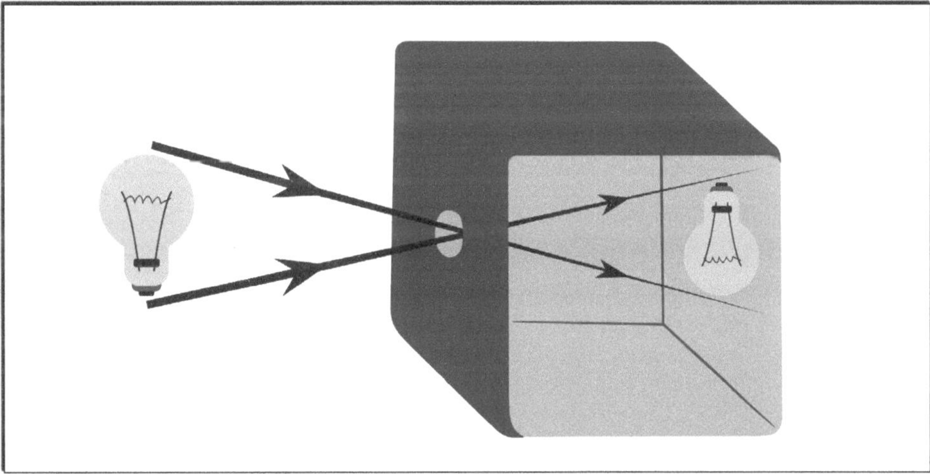

Mittels geometrischer Abstraktion ergibt sich folgende schematische Darstellung des Strahlenverlaufes:

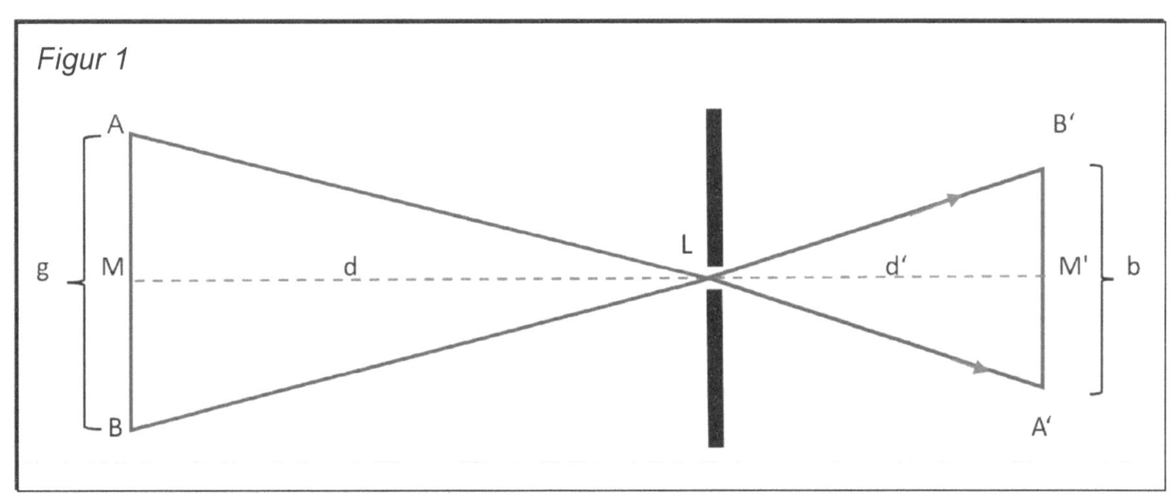

OPTIK
Die Wege des Lichts – Bestell-Nr. 13 032
KOHL VERLAG

3 Licht malt Bilder

3.1 Die *Camera obscura* (Blatt 3)

Aufgabe 1: **(Für Fortgeschrittene)**

M Sei der Mittelpunkt der Strecke $\overline{AB}$ und M' sei der Mittelpunkt der Strecke $\overline{B'A'}$ (siehe Figur 1 auf Blatt 2). Punkt L bezeichne die als punktförmig angenommene Lochblende. Leite eine Beziehung – die Abbildungsgleichung – zwischen Gegenstandsgröße $g = \overline{AB}$, Bildgröße $b = \overline{B'A'}$, Entfernung $d = \overline{ML}$ des Gegenstandes von der Lochblende L (Gegenstandsweite) und Entfernung $d' = \overline{M'L}$ des Bildes von der Lochblende L (Bildweite) mit Hilfe des Strahlensatzes her.

Dazu wird die Figur 1 (auf Blatt 2) vorerst in zwei Teilfiguren (Figur 2 und Figur 3) zerlegt, um den Strahlensatz passend zu machen.

Figur 2

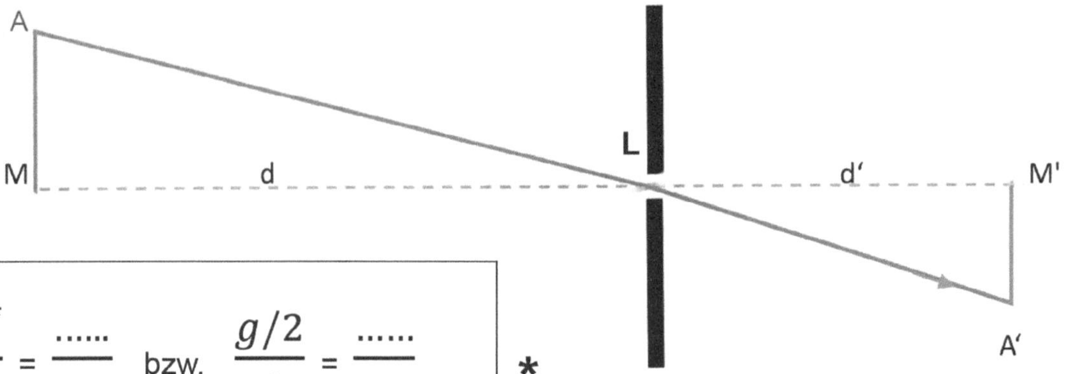

A
M d L d' M'
A'

$$\frac{\overline{AM}}{d} = \frac{\ldots\ldots}{\ldots\ldots} \quad \text{bzw.} \quad \frac{g/2}{d} = \frac{\ldots\ldots}{\ldots\ldots} \quad *$$

Figur 3

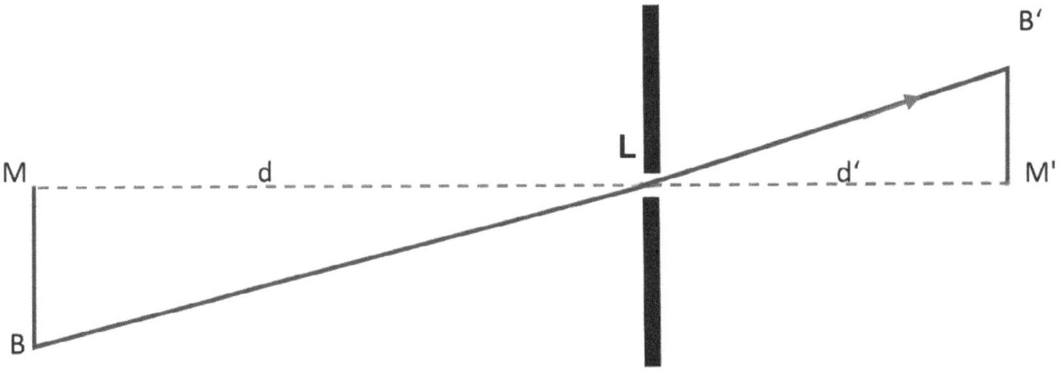

B'
M d L d' M'
B

analog zu Figur 2

$$\frac{\ldots\ldots}{\ldots\ldots} = \frac{\ldots\ldots}{\ldots\ldots} \quad \text{bzw.} \quad \frac{\ldots\ldots}{\ldots\ldots} = \frac{\ldots\ldots}{\ldots\ldots} \quad **$$

3 Licht malt Bilder

3.1 Die *Camera obscura* (Blatt 4)

Zu Aufgabe 1:

*Addiere nun Gleichung * und Gleichung **.*

$$\frac{\dots\dots}{\dots\dots} + \frac{\dots\dots}{\dots\dots} = \frac{\dots\dots}{\dots\dots} + \frac{\dots\dots}{\dots\dots}$$

Die so ermittelte Abbildungsgleichung lautet:

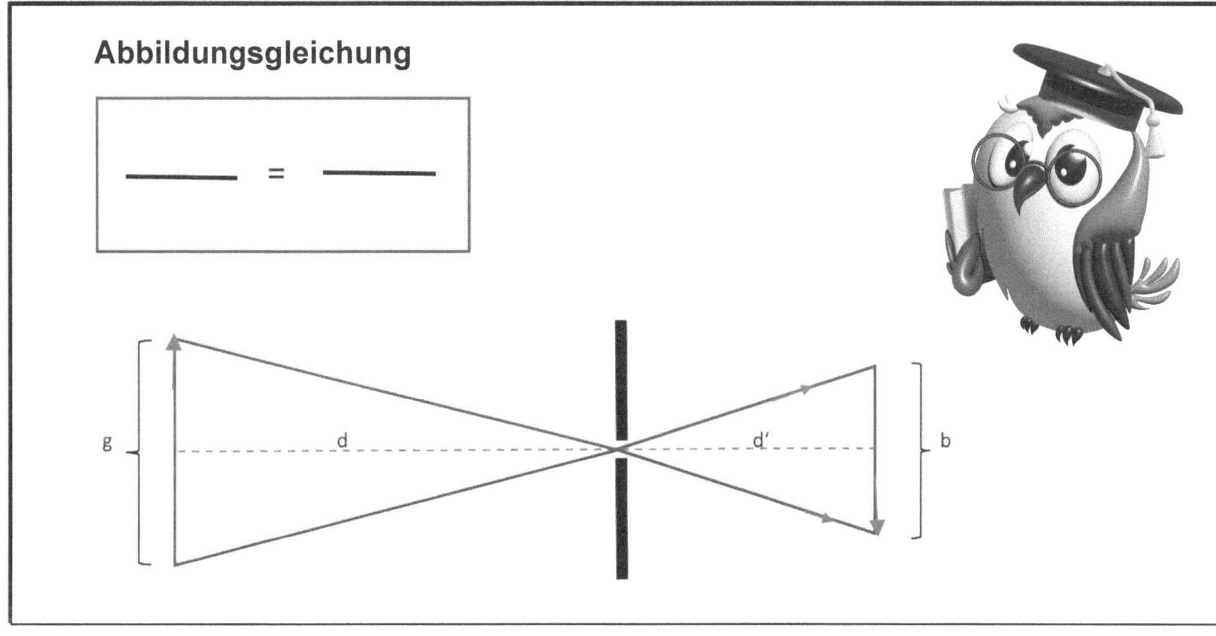

Zu Aufgabe 2: *Wie ändert sich bei festem Abstand des Bildschirms von der Lochblende die Bildgröße, wenn der Gegenstand näher an die Lochblende heranrückt?*

____

Zu Aufgabe 3: *Eine Glühlampe der Höhe 8 cm wird mit einer Lochkamera auf einen Bildschirm projiziert.*

a) *Berechne die Höhe des Bildes, wenn die Glühlampe 40 cm von der Lochblende entfernt ist und der Bildschirm einen Abstand von 10 cm von der Lochblende hat.*

____

____

____

b) *Wie ändert sich die Bildgröße, wenn man den Bildschirm bis auf 20 cm von der Lochblende entfernt?*

____

____

____

3 Licht malt Bilder

3.1 Die *Camera obscura* *(Blatt 5)*

Aufgabe 4: *Ein Baum wird mittels Lochkamera auf einen Bildschirm projiziert, um seine Höhe zu ermitteln.*

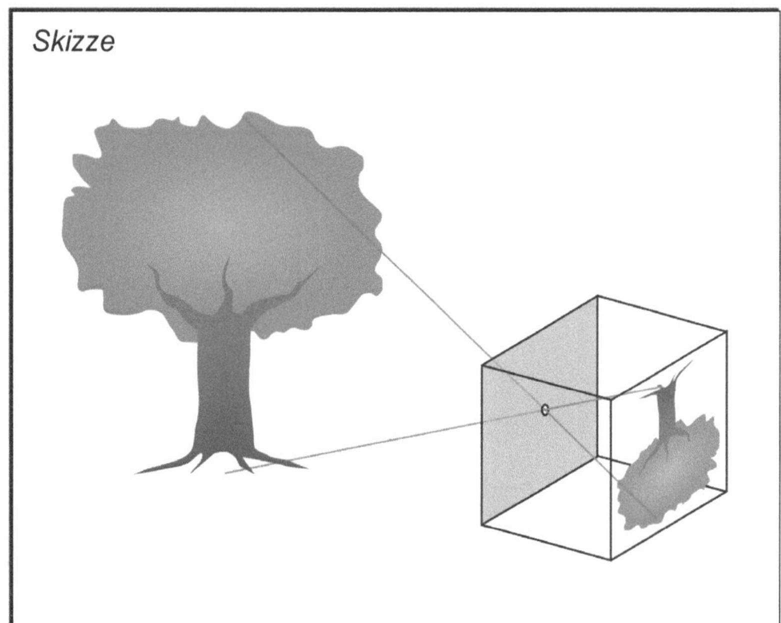

a) *Ergänze und beschrifte die Skizze sinnvoll.*

b) *Begründe, dass bei punktförmig angenommener Lochblende die Voraussetzungen für die Gültigkeit des Strahlensatzes erfüllt sind.*

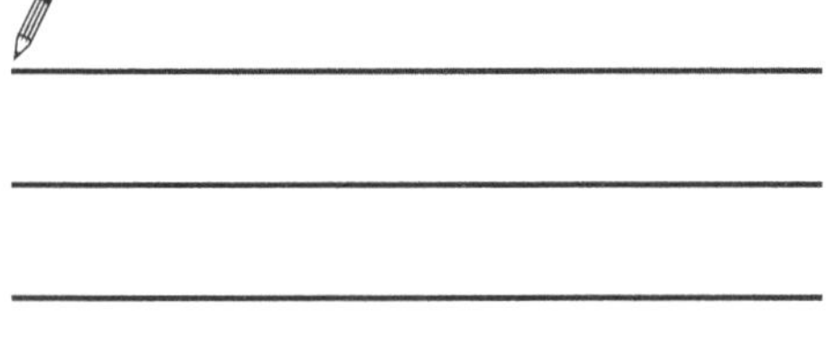

c) *Das Bild des 20 m von der Lochkamera entfernten Baumes ist auf dem Bildschirm, der sich in 25 cm Entfernung von der Lochblende befindet, 20 cm hoch. Berechne die Höhe des Baumes.*

___

___

___

Aufgabe 5:

a) *In einer Lochkamera beträgt der Abstand zwischen Lochblende und Mattscheibe 20 cm. Die quadratische Mattscheibe hat eine Seitenlänge von 12 cm. Ein Schüler der Größe 1,65 m soll vollständig auf der Mattscheibe abgebildet werden. In welcher Entfernung von der Kamera muss der Schüler stehen, um in maximaler Größe auf der Mattscheibe abgebildet zu werden?*

b) *Wie verändert sich die Größe des Bildes, wenn sich der Schüler weiter von der Lochkamera entfernt?*

___

___

___

3.2 Kleines Quiz zur Lochkamera *(Blatt 1)*

Kreuze jeweils die zutreffenden Aussagen an.

Aufgabe 1: *Welche Aussagen zur Geschichte der Camera obscura sind zutreffend?*

Die Camara obscura …

☐ **A** … benutzte bereits Archimedes im 3. Jahrhundert vor Christus zum Erkunden von Kriegsschiffen.

☐ **B** … wurde bereits seit dem 13. Jahrhundert zu astronomischen Beobachtungen genutzt.

☐ **C** … wurde von Galileo Galilei im 17. Jahrhundert erfunden.

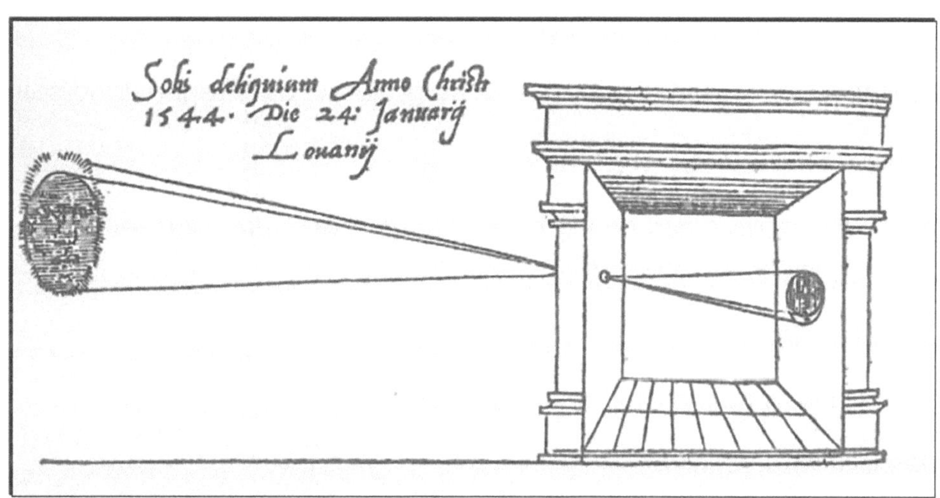

Aufgabe 2: *Welchen Einfluss hat die Gegenstandsweite auf die Bildgröße (bei konstantem Abstand der Lochblende vom Bildschirm)?*

☐ **A** Je näher der Gegenstand an die Lochblende heranrückt, desto größer wird das Bild.

☐ **B** Je näher der Gegenstand an die Lochblende heranrückt, desto kleiner wird das Bild.

☐ **C** Die Gegenstandsweite hat keinen Einfluss auf die Bildgröße.

Aufgabe 3: *Wie ändert sich die Bildgröße mit zunehmender Entfernung des Bildschirmes von der Lochblende (bei konstantem Abstand des Gegenstandes von der Lochblende)?*

☐ **A** Die Bildgröße bleibt konstant.

☐ **B** Das Bild wird größer.

☐ **C** Das Bild wird kleiner.

3.2 Kleines Quiz zur Lochkamera *(Blatt 2)*

Kreuze jeweils die zutreffenden Aussagen an.

Aufgabe 4: *Eine Lockkamera erzeugt auf dem Bildschirm …*

- ☐ **A** … ein aufrechtes und seitenverkehrtes Bild.
- ☐ **B** … ein seitenrichtiges und umgekehrtes Bild.
- ☐ **C** … ein seitenverkehrtes und umgekehrtes Bild.

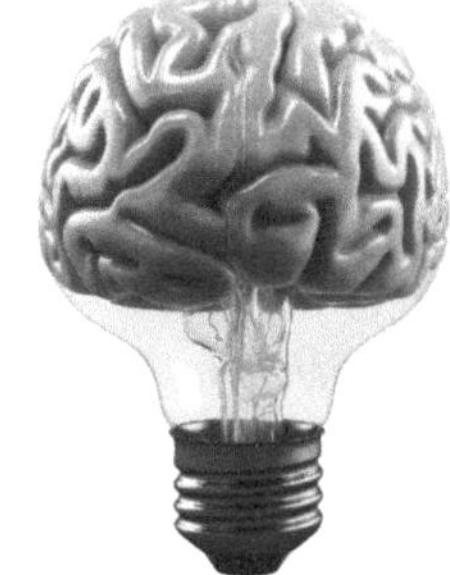

Aufgabe 5: *Das Bild auf dem Schirm …*

- ☐ **A** … ist niemals größer als der Gegenstand.
- ☐ **B** … ist stets größer als der Gegenstand.
- ☐ **C** … kann kleiner, größer oder genau so groß wie der Gegenstand sein.

Aufgabe 6: *Wie ändert sich das Bild, wenn man den Durchmesser des Loches (Blende) vergrößert?*

- ☐ **A** Das Bild wird größer.
- ☐ **B** Das Bild wird heller, aber unschärfer.
- ☐ **C** Das Bild wird schärfer.
- ☐ **D** Das Bild wird bei gleichbleibender Schärfe heller.

Aufgabe 7: *Mit einer Lochkamera kann man …*

- ☐ **A** … Bilder betrachten und malen.
- ☐ **B** ... Bilder speichern.
- ☐ **C** … Bilder online versenden.

Von der *Camera obscura* zur fotografischen Kamera

Aufgabe: *Durch welche Elemente bzw. Funktionen müsste die Lochkamera prinzipiell ergänzt werden, um den Anforderungen an einen modernen Fotoapparat zu genügen? Schreibe deine Antworten in die Felder der Grafik unten.*

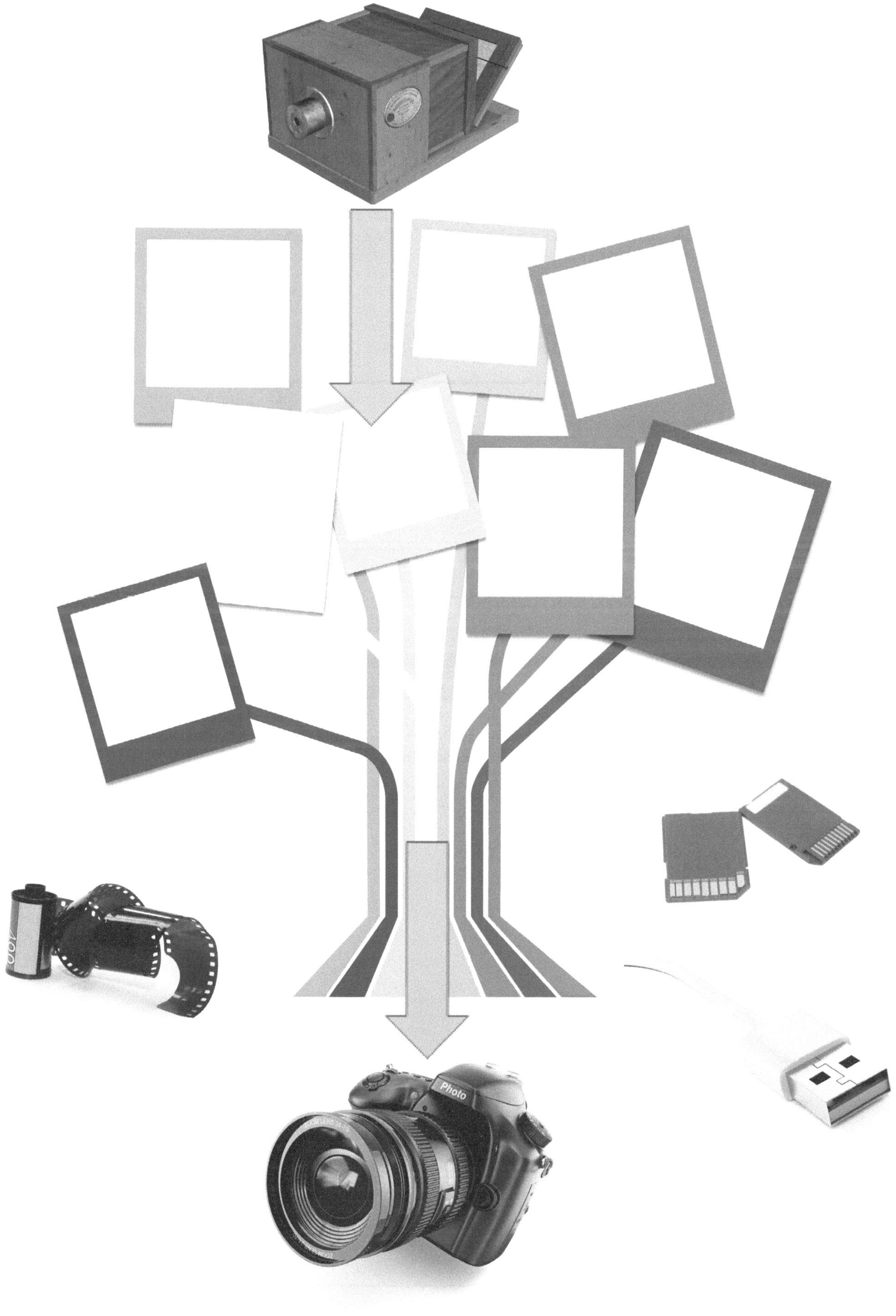

5 Die Reflexion des Lichts

5.1 Das Reflexionsgesetz *(Blatt 1)*

Aufgabe 1: **Wenn Licht auf ein Hindernis trifft …**

Beschreibe die 3 Erscheinungen (Bild 1) und gib Beispiele aus der Praxis an.

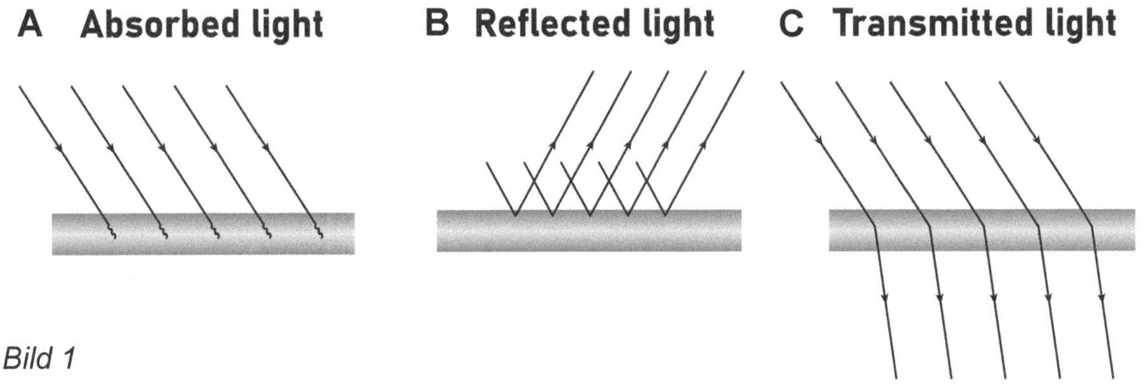

A Absorbed light

B Reflected light

C Transmitted light

Bild 1

A	B	C
____________	____________	____________
____________	____________	____________
____________	____________	____________
____________	____________	____________
____________	____________	____________

Bei B zu unterscheiden

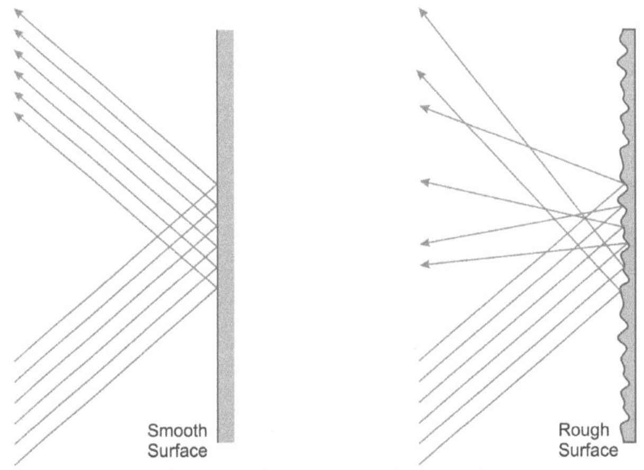

Smooth Surface

Rough Surface

Bild 2

Aufgabe 2: *Erläutere die Abbildungen in Bild 2.*

____

____

5 Die Reflexion des Lichts

5.1 Das Reflexionsgesetz *(Blatt 2)*

Licht trifft im Punkt F (Fußpunkt des Lotes) auf eine ebene glatte Oberfläche (1). Stellvertretend für das Lichtbündel betrachten wir einen Strahl. Der einfallende Lichtstrahl (2), welcher mit dem Einfallslot (3) den Einfallswinkel α einschließt, wird im Punkt F von der glatten Oberfläche zum ausfallenden Lichtstrahl (4) reflektiert, welcher mit dem Einfallslot den Reflexionswinkel (Ausfallswinkel) α' einschließt. (*siehe Bild 1*)

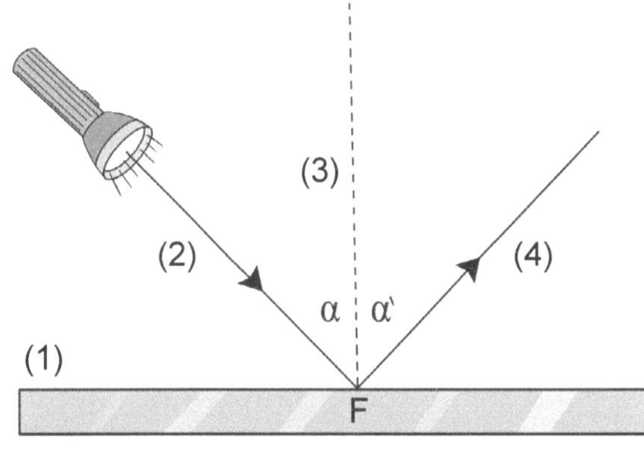

Bild 1

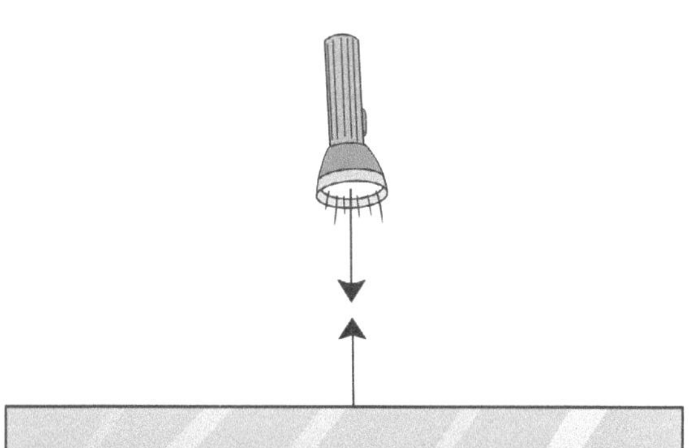

Bild 2

Law of reflection

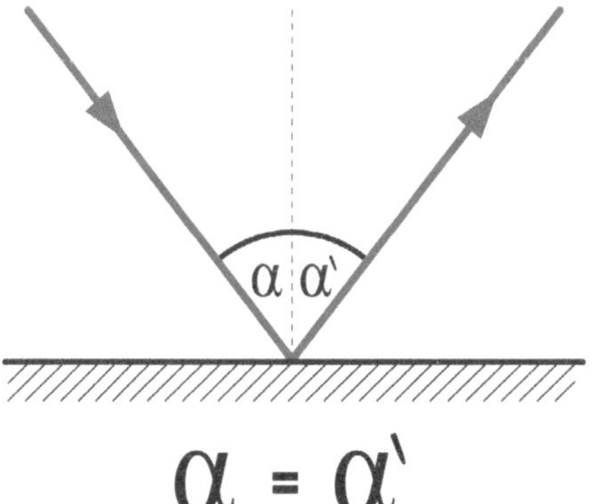

$$\alpha = \alpha'$$

Das **Reflexionsgesetz** besagt:

Reflektierter Lichtstrahl, Lot und einfallender Lichtstrahl liegen in einer Ebene.
Die Größe des Winkels zwischen reflektiertem Lichtstrahl und Einfallslot ist genau so groß wie der Winkel zwischen einfallendem Lichtstrahl und Lot.

Bild 3

Aufgabe 3: *Erläutere den oben im Bild 2 dargestellten Sachverhalt.*

OPTIK
Die Wege des Lichts – Bestell-Nr. 13 032

5 Die Reflexion des Lichts

5.2 Bildentstehung am ebenen Spiegel und Bildeigenschaften *(Blatt 1)*

EA

Aufgabe 1: *In welchen Fällen handelt es sich um Spiegelbilder am ebenen Spiegel? (Die Wasseroberflächen sollen dabei als glatt angenommen werden.) Kreuze an.*

A ☐

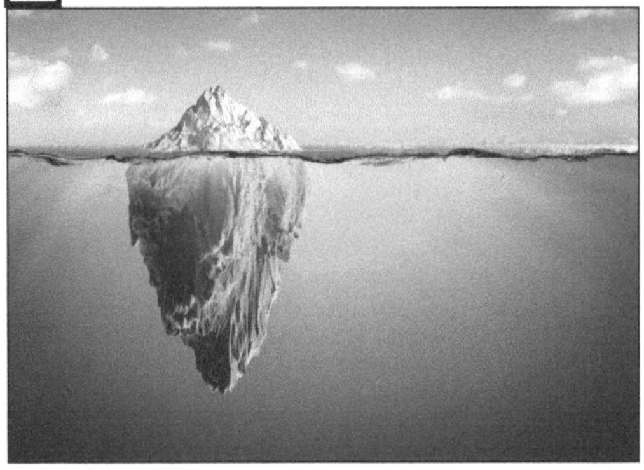

B ☐

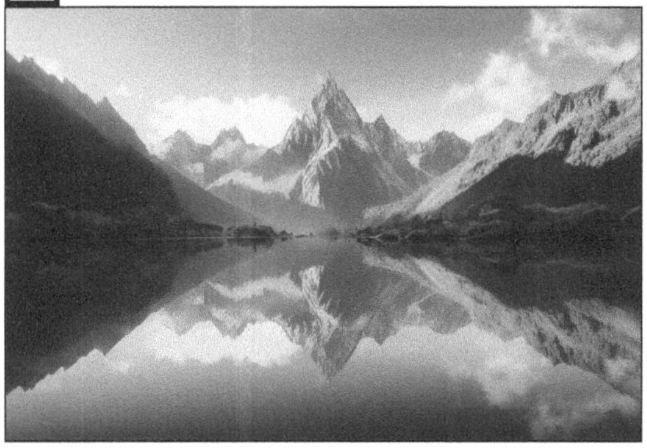

C ☐

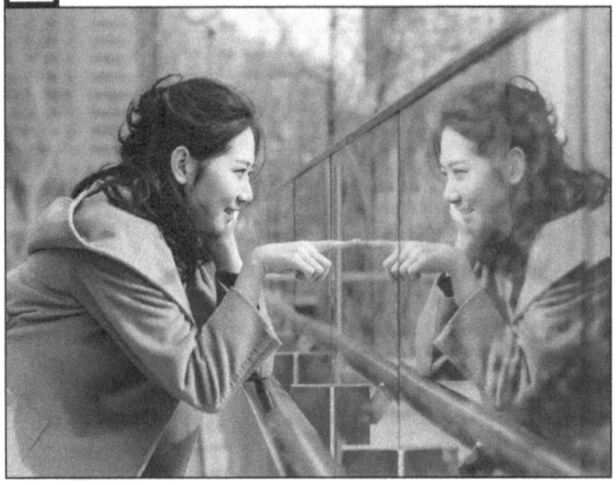

D ☐

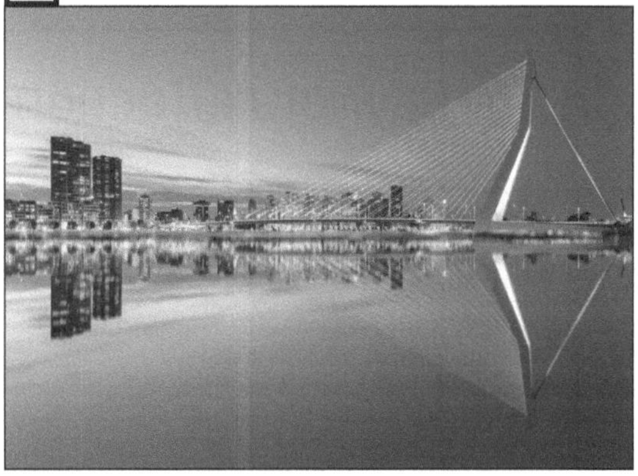

E ☐

Spiegelschrift *tfirhcslegeipS*

F ☐

STOP POTS

G ☐

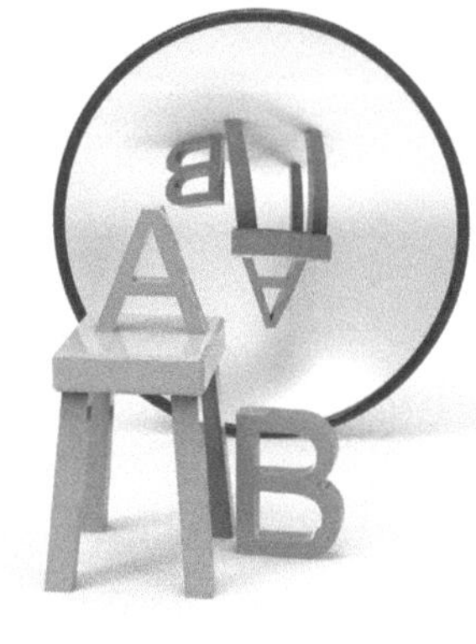

H ☐

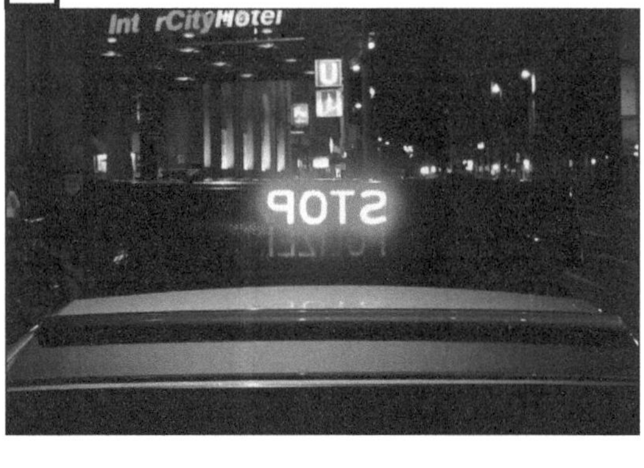

5.2 Bildentstehung am ebenen Spiegel und Bildeigenschaften *(Blatt 2)*

Konstruktion des Spiegelbildes P‘ des Punktes P mittels Anwendung des Reflexionsgesetzes

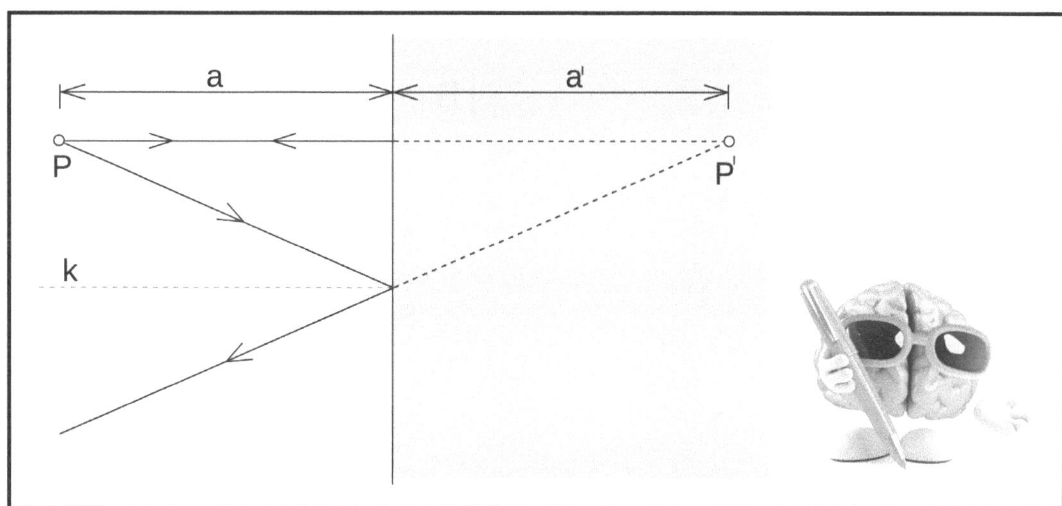

Aufgabe 2: *Konstruiere das Spiegelbild des Pfeiles. Wähle die markanten Punkte F (Fußpunkt) und S (Spitze) des Originals, von denen du je 2 Lichtstrahlen auf den Spiegel treffen lässt.*
Zeichne unter Beachtung des Reflexionsgesetzes die reflektierten Strahlen, um die entsprechenden Bildpunkte zu erhalten.

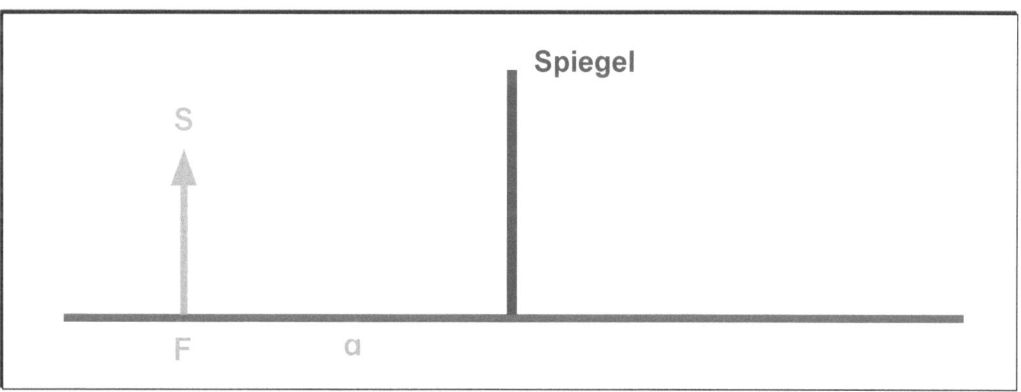

Aufgabe 3: *Welche Eigenschaften hat das Bild im Vergleich zum Original?*

___

___

___

___

___

___

___

5 Die Reflexion des Lichts

5.2 Bildentstehung am ebenen Spiegel und Bildeigenschaften *(Blatt 3)*

Aufgabe 4: *Die folgenden Spiegel machen Aussagen über die Eigenschaften des Spiegelbildes am ebenen Spiegel. Welche der Spiegel sind „Lügenspiegel“?*

A Das Spiegelbild ist im Vergleich zum Original umgekehrt.

B Es hängt vom Abstand des Originals vom Spiegel ab, ob das Spiegelbild vergrößert oder verkleinert ist.

C Das Spiegelbild hat vom Spiegel den gleichen Abstand wie das Original.

D Das Spiegelbild ist stets kleiner als das Original.

E Bild und Original sind bezüglich der Spiegelachse symmetrisch.

F Ein Spiegel vertauscht nicht links und rechts, sondern vorne und hinten.

G Das Bild existiert nur scheinbar (virtuell).

Aufgabe 5:

Begründe, dass es an rauen Oberflächen zu einer diffusen Reflexion kommt. Was folgt daraus für Existenz und Eigenschaften eines „Spiegelbildes“?

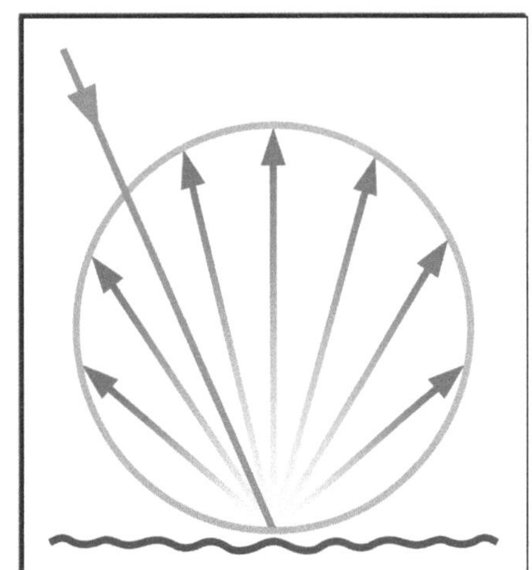

____

____

____

____

____

5.2 Bildentstehung am ebenen Spiegel und Bildeigenschaften *(Blatt 4)*

Aufgabe 6:

Der einfallende Lichtstrahl schließt mit der Spiegelebene einen Winkel von 30° ein. Wie groß ist der Winkel zwischen einfallendem und reflektiertem Lichtstrahl?

Skizze

____

____

____

____

Aufgabe 7:

Ein Spiegel (siehe Skizze) wird um 20° gedreht. Ergänze folgende Aussagen:

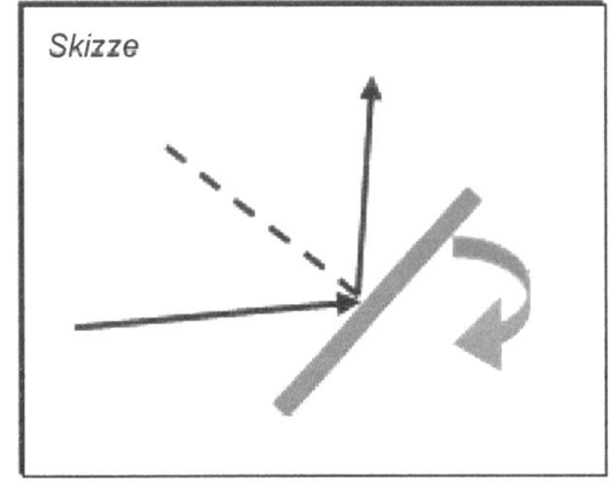

a) Das Lot dreht sich um ________ .

b) Der reflektierte Lichtstrahl dreht sich um ________ .

c) Der reflektierte Lichtstrahl dreht sich allgemein um das _______________ wie der Spiegel.

Aufgabe 8: *Ein Autofahrer fährt mit der Geschwindigkeit v = 30 km/h auf eine Schaufensterscheibe zu. Mit welcher Geschwindigkeit v_s sieht der Fahrer das Bild seines Fahrzeuges auf sich zukommen?*

a) *Kreuze die passende Aussage an.*

☐ **A** v_s < 30 km/h ☐ **B** v_s = 30 km/h ☐ **C** v_s = 60 km/h

b) *Begründe deine Entscheidung.*

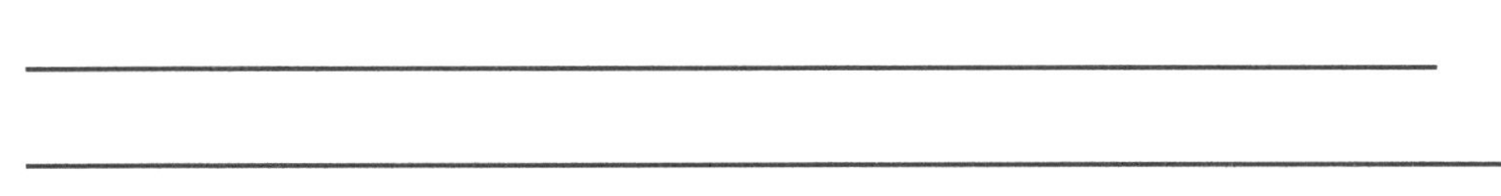

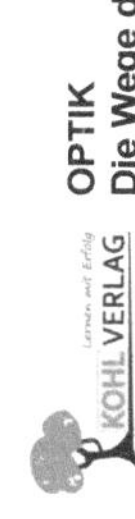

OPTIK
Die Wege des Lichts – Bestell-Nr. 13 032
KOHL VERLAG

5 Die Reflexion des Lichts

5.2 Bildentstehung am ebenen Spiegel und Bildeigenschaften *(Blatt 5)*

Aufgabe 9:

Vergleiche die Eigenschaften der Bilder eines ebenen Spiegels und einer Lochkamera.

	Ebener Spiegel	Lochkamera
Reelles oder virtuelles Bild?		
Bildweite in Vergleich zur Gegenstandsweite		
vergrößertes, verkleinertes oder gleichgroßes Bild?		
aufrechtes oder umgekehrtes Bild		
seitengerechtes oder seitenvertauschtes Bild	**siehe „Umstülpung“** Spiegelparadoxon	

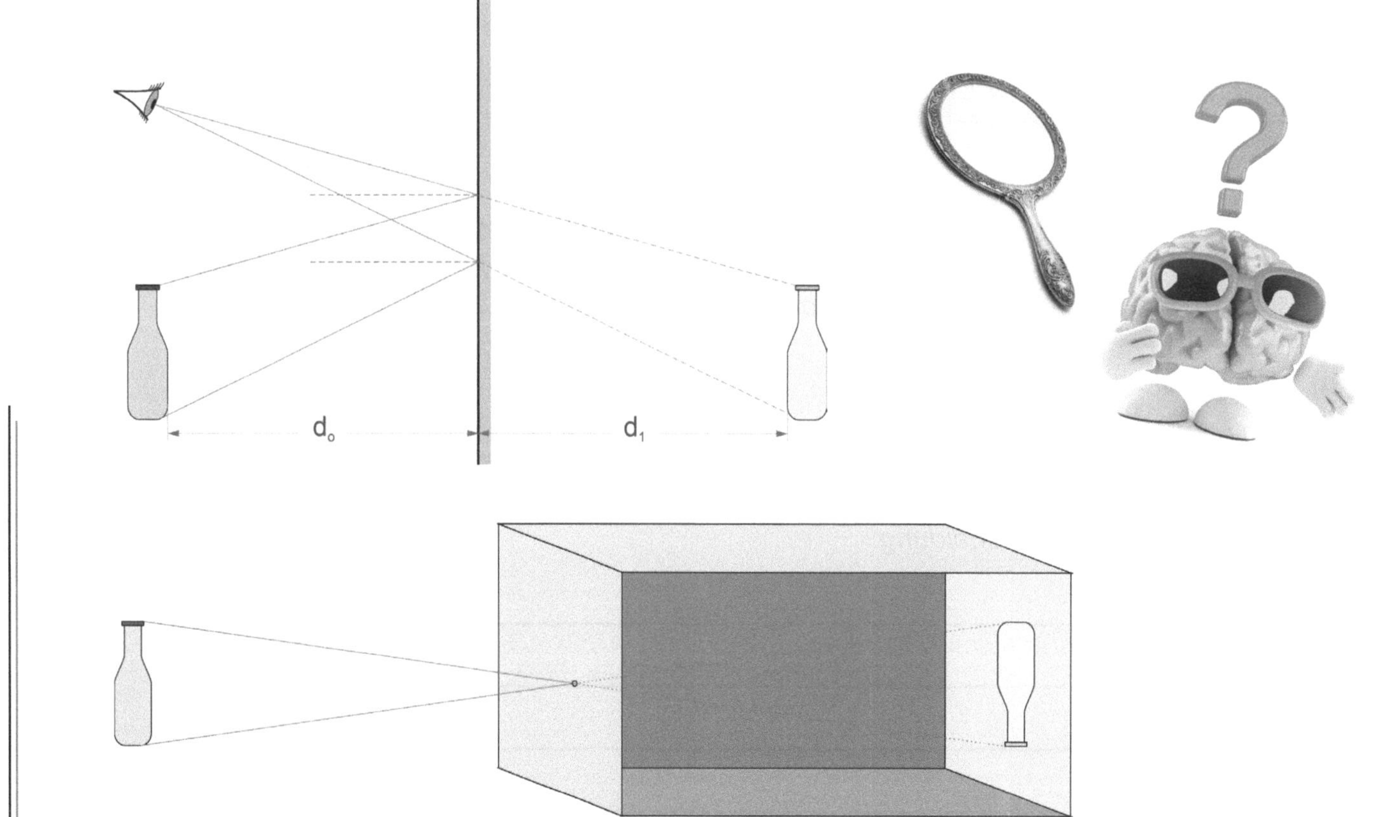

5.2 Bildentstehung am ebenen Spiegel und Bildeigenschaften *(Blatt 6)*

Aufgabe 10: *Kreuze an:* **Vertauscht ein ebener, senkrecht positionierter Spiegel …**

bei Beobachtung aus Blickrichtung (1)	
A … „oben“ und „unten“?	☐ I „ja“ oder ☐ II „nein“
B … „rechts“ und „links“?	☐ I „ja“ oder ☐ II „nein“
C … „vorne“ und „hinten“?	☐ I „ja“ oder ☐ II „nein“
bei Beobachtung aus Blickrichtung (2)	
A … „oben“ und „unten“?	☐ I „ja“ oder ☐ II „nein“
B … „rechts“ und „links“?	☐ I „ja“ oder ☐ II „nein“
C … „vorne“ und „hinten“?	☐ I „ja“ oder ☐ II „nein“

Kurioses – in der Physik oder im Kopf

Das Spiegelparadoxon
Beim Spiegelparadoxon – auch als Spiegelphänomen bezeichnet – bezieht sich das Paradoxe eigentlich nicht auf den Spiegel, sondern auf unsere Wahrnehmung sowie die Schwierigkeiten bei der verbalen Beschreibung des Sachverhaltes.

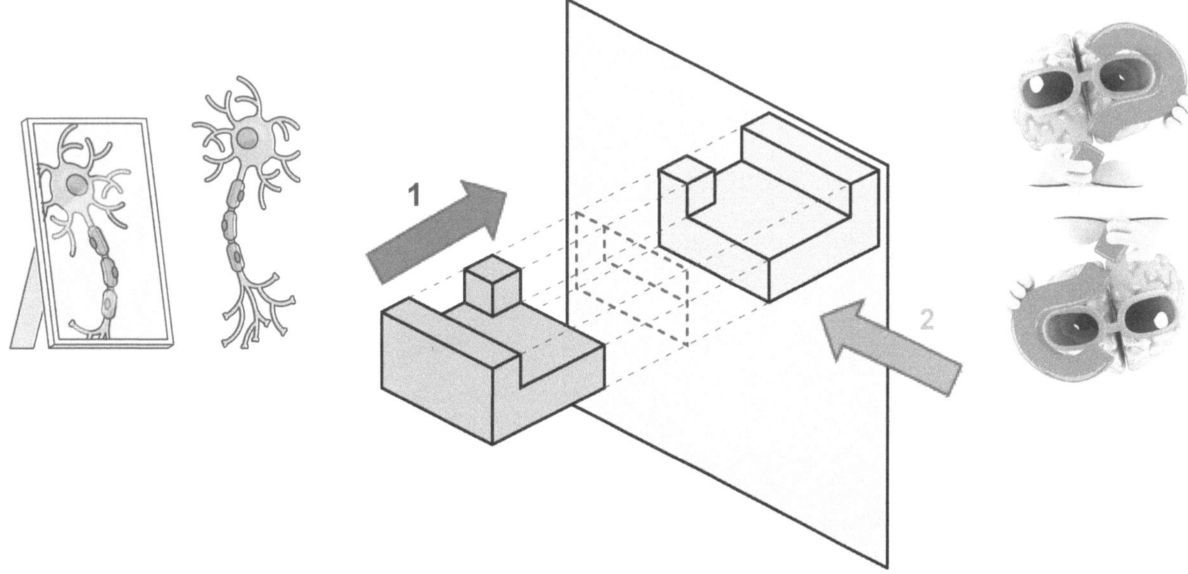

Die Frage, ob ein ebener Spiegel „links“ und „rechts“ vertauscht, ist nicht sinnvoll (paradox), da die Antwort von der Perspektive des Betrachters abhängt. Der ebene Spiegel scheint das Original um 180° zu drehen, um das Spiegelbild zu produzieren. Aus Perspektive (2) zeigt sich eine geometrische Achsensymmetrie, wobei aus Perspektive (1) „vorne“ und „hinten“ vertauscht wird. Diese Art der Abbildung wird auch als „Umstülpung“ bezeichnet.

5.3 Reflexion und Bildentstehung am Hohlspiegel *(Blatt 1)*

Ein Blick in die Geschichte

Archimedes von Syrakus – geboren um 287 vor Christus; gestorben 212 vor Christus – galt als einer der bedeutendsten Gelehrten der Antike. Er beschäftigte sich mit Mathematik, Physik und technischen Anwendungen. Er konstruierte allerlei mechanische Vorrichtungen, unter anderem auch Kriegsmaschinen.

„Außerdem soll Archimedes die Schiffe der Römer sogar über große Entfernung mit Hilfe von Spiegeln, die das Sonnenlicht umlenkten und fokussierten, in Brand gesteckt haben. Das wird von Lukian von Samosata und später von Anthemios von Tralleis berichtet. Dazu gibt es eine über 300 Jahre währende, heftige Kontroverse. Historisch sprechen die Quellenlage, Übersetzungsfragen (pyreia wurde oft mit Brennspiegel übersetzt, obwohl es nur „Entzündung“ heißt und auch Brandpfeile umfasst) und das erst Jahrhunderte spätere Auftauchen der Legende dagegen. Physikalische Gegenargumente sind die notwendige Mindestgröße und Brennweite eines solchen Spiegels, die zu erreichende Mindesttemperatur zur Entzündung von Holz (etwa 300 Grad Celsius) und die Zeit, die das zu entzündende Holzstück konstant beleuchtet bleiben muss. Technische Gegenargumente diskutieren die Herstellbarkeit solcher Spiegel zur damaligen Zeit, die Montage eines Spiegels oder Spiegelsystems und die Bedienbarkeit.“

[entnommen aus: https://de.wikipedia.org/wiki/Archimedes]

Kupferstich auf dem Titelblatt der lateinischen Ausgabe des Thesaurus opticus, einem Werk des arabischen Gelehrten Alhazen. Die Darstellung zeigt, wie Archimedes römische Schiffe mit Hilfe von Parabolspiegeln in Brand gesetzt haben soll.

5.3 Reflexion und Bildentstehung am Hohlspiegel (*Blatt 2*)

Hohlspiegel

Ein Hohlspiegel ist ein „konkaver, sphärischer Spiegel", dessen Reflexionsoberfläche durch die Innenseite einer Kugel definiert ist. (Im Gegensatz dazu nennt man die reflektierende Außenfläche einer Kugel einen „konvexen, sphärischen Spiegel".)

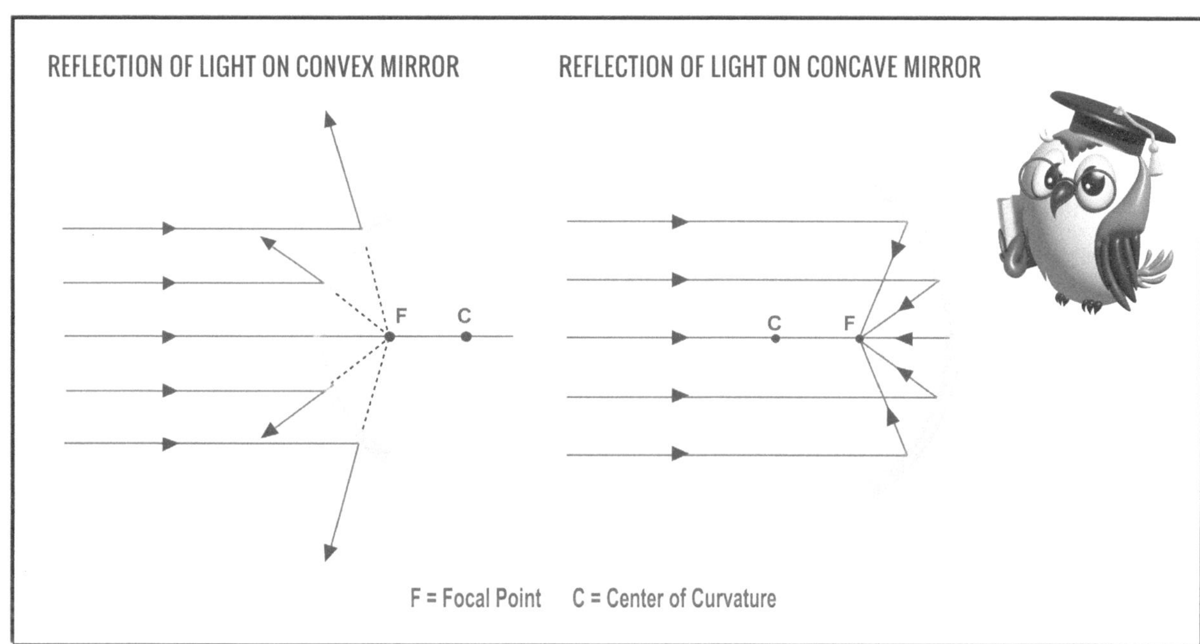

Optische Achse, Krümmungsmittelpunkt und Brennpunkt (Focus) eines Hohlspiegels

Der Krümmungsmittelpunkt C eines Hohlspiegels entspricht dem Mittelpunkt der Kugel, aus dessen Oberfläche ausgeschnitten der sphärische Spiegel verstanden werden kann. Da parallel zur optischen Achse einfallendes Licht (Parallelstrahlen), so reflektiert wird, dass es sich in einem festen Punkt sammelt und in diesem Punkt seine verdichtete Energie gegebenenfalls als große Hitze hervorbringt, wird dieser Punkt „Brennpunkt" (lat. „Focus") genannt. Kurz: Parallelstrahlen werden zu Brennpunktstrahlen reflektiert.

Aufgabe 1: *Zu welchem Zweck setzte Archimedes laut Überlieferungen aus der Antike Hohlspiegel ein?*

____

____

EA **Aufgabe 2**: *Nenne weitere bedeutsame physikalische Entdeckungen des Archimedes.*

____

____

____

____

5.3 Reflexion und Bildentstehung am Hohlspiegel (*Blatt 3*)

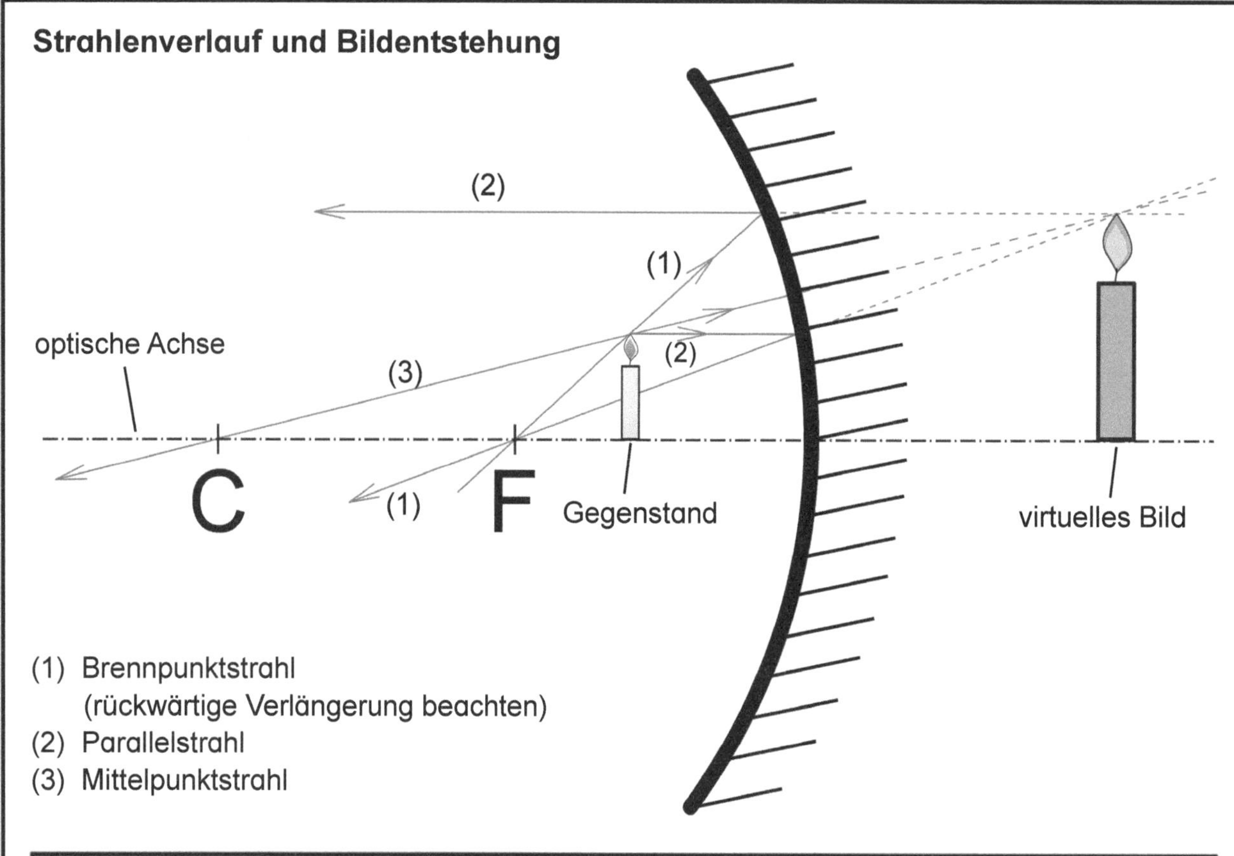

Reelle und virtuelle Bilder

Reelle Bilder von selbstleuchtenden oder beleuchteten Objekten können im Gegensatz zu virtuellen Bildern auf einem Bildschirm aufgefangen werden. Virtuelle (scheinbare) Bilder kommen durch Verlängerung von „Sehstrahlen" zustande, welche sich in von unserem Auge wahrgenommenen scheinbaren Bildpunkten schneiden.

Aufgabe 3:

Nenne Beispiele für die Verwendung von Hohlspiegeln in der Praxis.

___

___

___

Aufgabe 4:

Welche Funktion erfüllen Hohlspiegel im Solarkraftwerk?

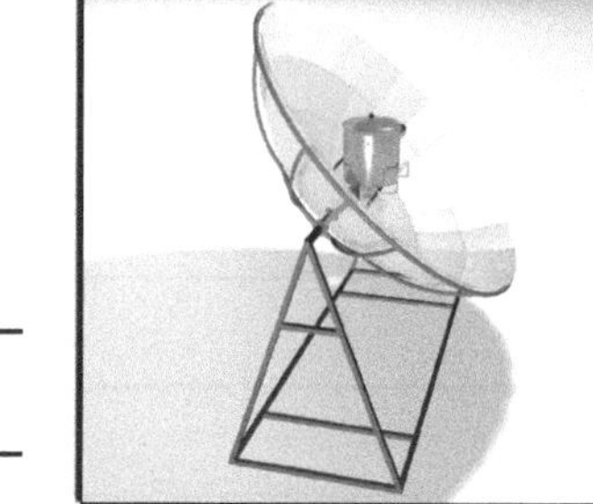

___

___

5.3 Reflexion und Bildentstehung am Hohlspiegel (*Blatt 4*)

Aufgabe 5:

Beschreibe den Zusammenhang zwischen den Eigenschaften der Spiegelbilder des Hohlspiegels und den Positionen des Gegenstandes. Beschrifte dazu die Bildeigenschaften bei den Fällen (2) bis (4) analog zum Fall (1).

Strahlengang zur Bildentstehung	
(1) C F	(1) Wenn sich der Gegenstand außerhalb des Krümmungsmittelpunktes C befindet, – entsteht das Bild zwischen Krümmungs- mittelpunkt C und Brennpunkt F – ist reell – ist kleiner als der Gegenstand – und ist umgekehrt.
(2) C F	**(2)**
(3) C F	**(3)**
(4) C F	**(4)**

OPTIK
Die Wege des Lichts – Bestell-Nr. 13 032
KOHL VERLAG

5.3 Reflexion und Bildentstehung am Hohlspiegel (*Blatt 5*)

Aufgabe 6:

Bei der Übersicht auf Blatt 4 wurde zur Konstruktion des Bildes außer dem Parallelstrahl und dem Brennpunktstrahl noch ein anderer Lichtstrahl verwendet. Erkläre, nach welcher Gesetzmäßigkeit der im Punkt P einfallende Lichtstrahl (1) zum ausfallenden Lichtstrahl (2) reflektiert wird. (Bild unten)

___

___

___

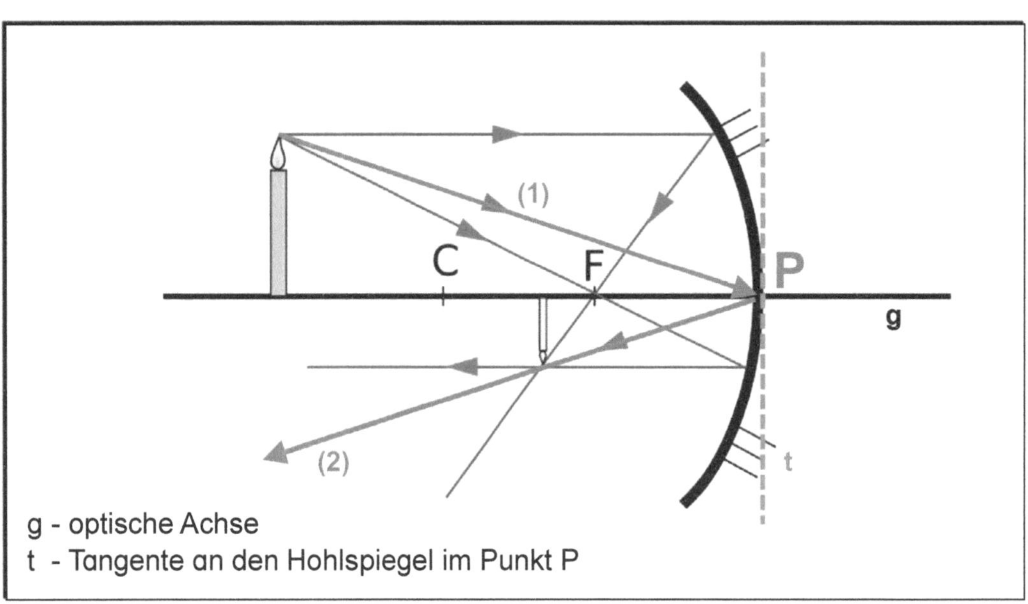

g - optische Achse
t - Tangente an den Hohlspiegel im Punkt P

Wölbspiegel
Die bisherigen Ausführungen bezogen sich auf häufig in der Praxis verwendete, konkave Spiegel – die Hohlspiegel. Aber auch konvexe Spiegel – die Wölbspiegel – finden Anwendung in der Praxis, z. B. als Verkehrsspiegel.

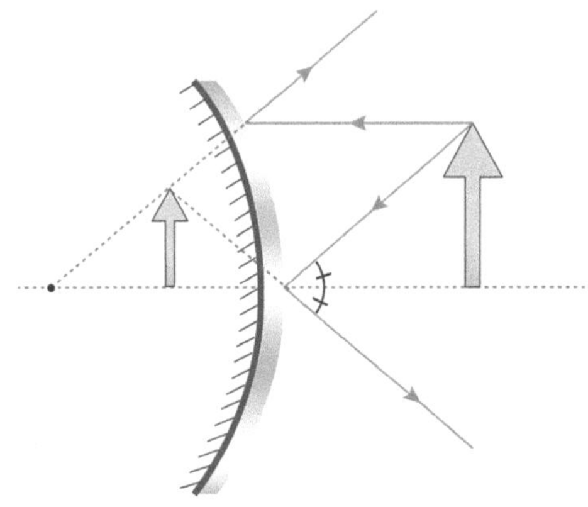

Aufgabe 7: *Welche Eigenschaften haben die Bilder von Wölbspiegeln?*

5.3 Reflexion und Bildentstehung am Hohlspiegel (*Blatt 6*)

Aufgabe 8:

Konstruiere jeweils das Spiegelbild und beschreibe die Eigenschaften des Bildes.

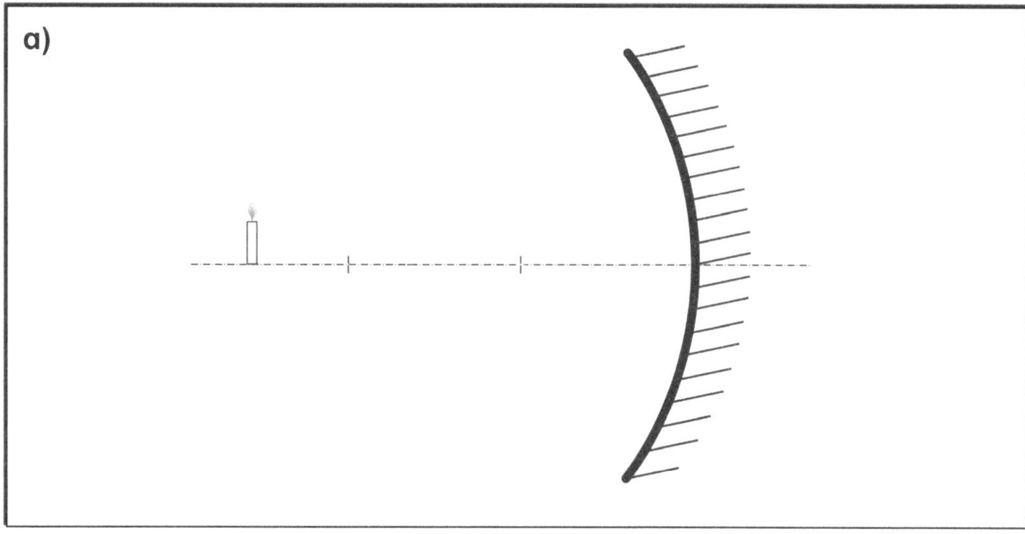

Bildeigenschaften:

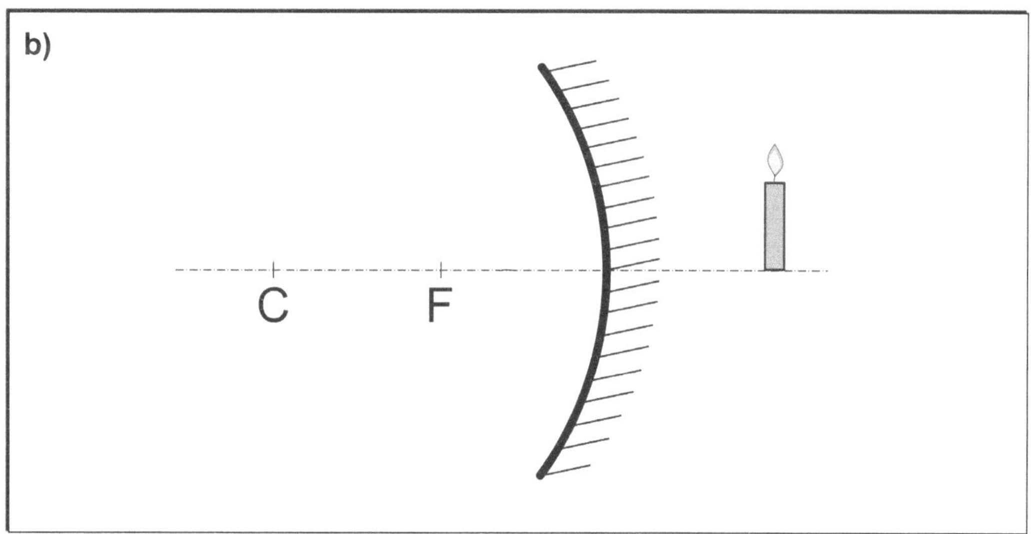

Bildeigenschaften:

6 Brechung des Lichtes an Grenzflächen und Brechungsgesetz *(Blatt 1)*

Wie verhält sich Licht, wenn es von Luft in Wasser oder Glas übergeht?

Aufgabe 1:

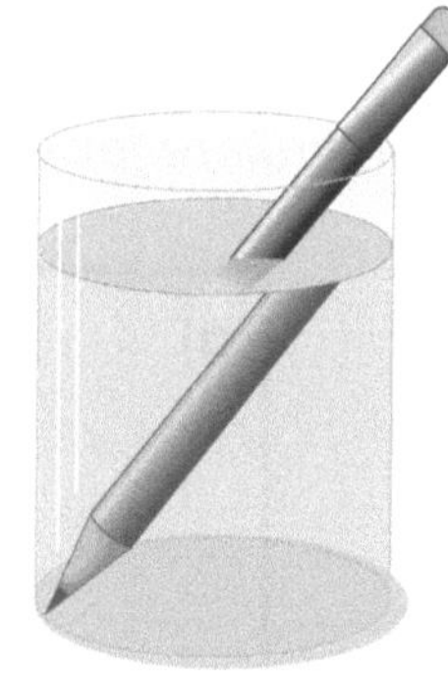

a) *Beschreibe den Sachverhalt im Bild rechts.*

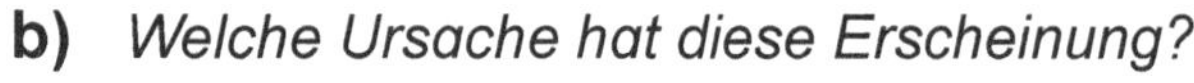

b) *Welche Ursache hat diese Erscheinung?*

Brechung des Lichts

An der Grenzfläche zwischen zwei verschiedenen Medien wird das Licht gebrochen und reflektiert. Bei der Brechung ändert der Lichtstrahl seine Richtung, was als „Knick" im Strahl wahrgenommen wird. Dabei ist der Winkel zwischen dem Lichtstrahl und dem Lot auf der Seite der Grenzfläche mit dem Medium, welches den kleineren Brechungsindex (Brechungszahl) hat, größer.
Die Richtungsänderung des Lichtstrahls ist umso stärker, je größer der Einfallswinkel ist.

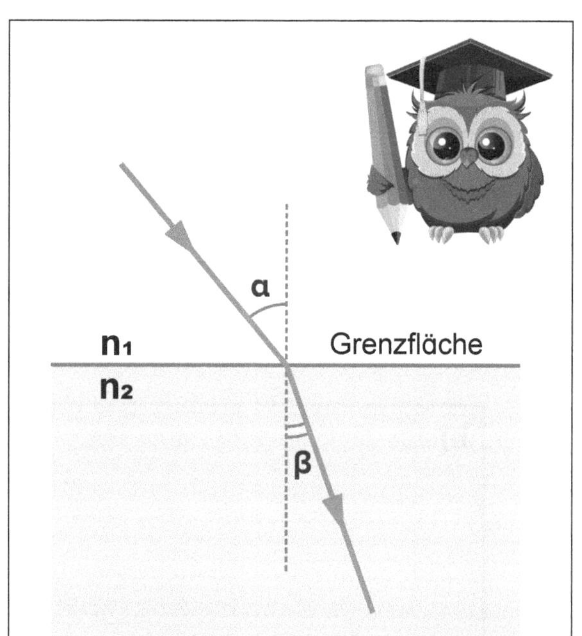

Brechungsgesetz

$$n_1 \cdot \sin \alpha = n_2 \cdot \sin \beta$$

α Einfallswinkel, β Brechungswinkel,
n_1 und n_2 Brechungsindizes
Der Brechungsindex n ist eine optische Materialeigenschaft. Das Medium mit dem höheren Brechungsindex nennt man das *optisch dichtere* Medium.

Material	Brechungsindex n
Vakuum	exakt 1
Luft	1,000292
Wasser (20 °C)	1,3330
Quarzglas	1,46

Aufgabe 2:

Licht (ein Lichtstrahl) fällt aus Luft mit einem Einfallswinkel von 30° auf eine ebene Fläche aus Quarzglas. Berechne den Brechungswinkel.

6 Brechung des Lichtes an Grenzflächen und Brechungsgesetz
(Blatt 2)

Aufgabe 3: Ein Lichtstrahl trifft bei einem Experiment auf die Grenzfläche Luft-Plexiglas (*Bild unten*).

a) *Beschreibe, zu welchen Erscheinungen es an der Grenzfläche kommt.*

___

___

b) *Lies den Einfallswinkel ∝ und den Brechungswinkel β im Bild ab.*

___

c) *Bestimme mit diesen Werten und den in der Tabelle ausgewählten Brechungszahlen (siehe Blatt 1) den Brechungsindex von Plexiglas.*

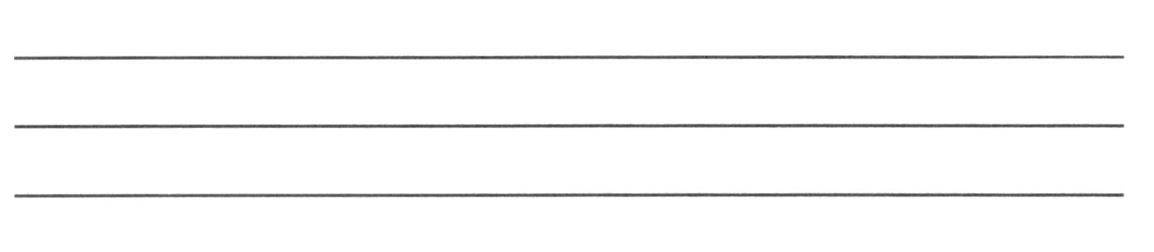

___

___

___

___

d) *Welcher Brechungswinkel ist bei einem Einfallswinkel von 30° zu erwarten?*

☐ **A** unverändert 35° ☐ **B** etwa17,5° ☐ **C** etwa 19,5°

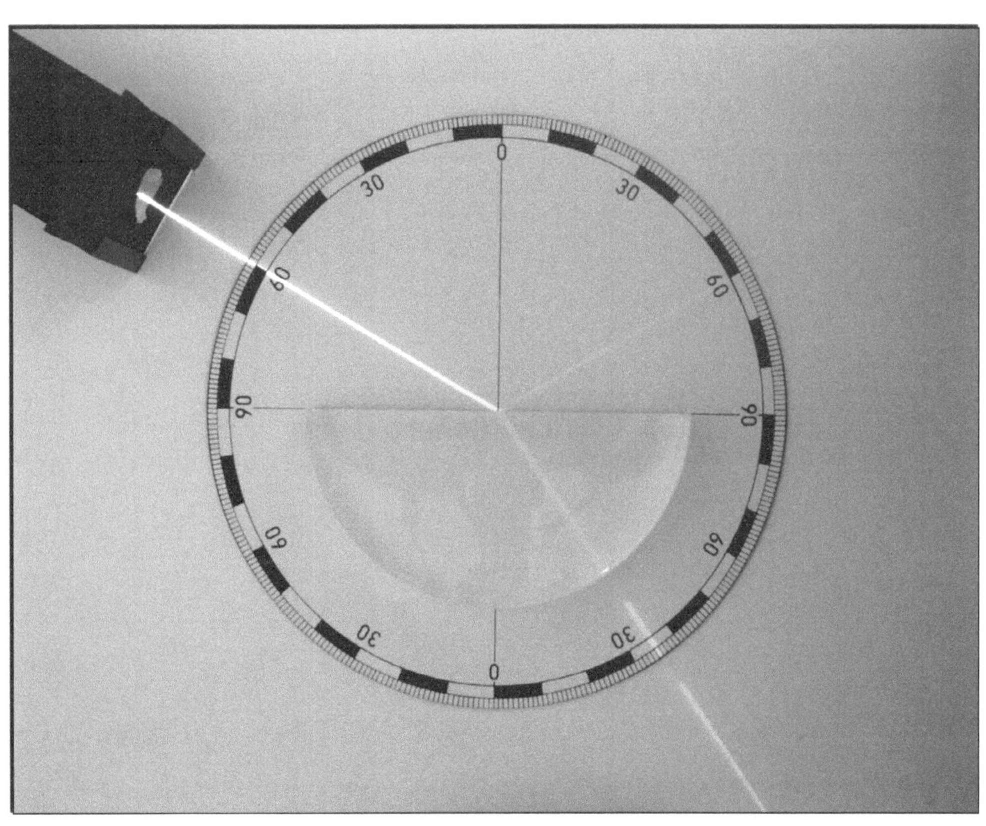

OPTIK
Die Wege des Lichts – Bestell-Nr. 13 032
KOHL VERLAG

Brechung des Lichtes an Grenzflächen und Brechungsgesetz *(Blatt 3)*

Aufgabe 4: *Zum Nachdenken: Kannst du den Widerspruch aufklären?*

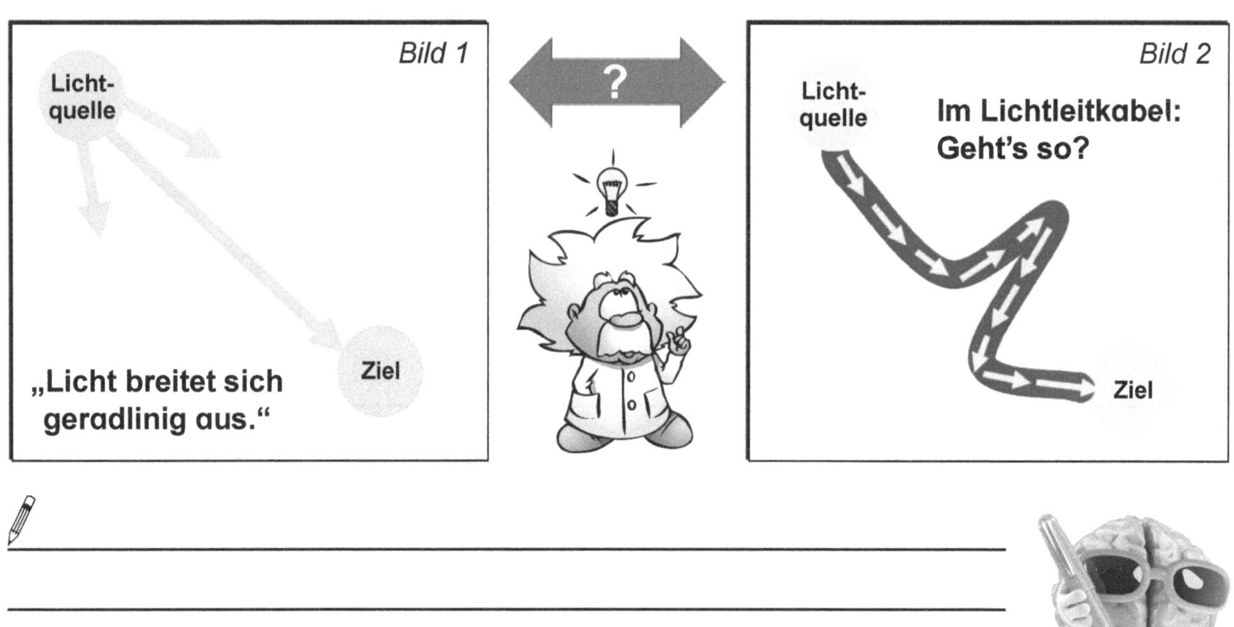

___

___

___

In der Praxis ist es tatsächlich möglich, Licht krummlinig durch gewundene Kabel – Lichtleitkabel – zu lenken. Allerdings geht das nicht so einfach, wie im Bild 2 oben skizziert. Die Erklärung für gekrümmte Lichtwege erfordert Kenntnisse über die „Totalreflexion" (siehe Blatt 4).

Aufgabe 5: *Welche praktischen Beispiele für die Anwendung von „Lichtleitern" kennst Du?*

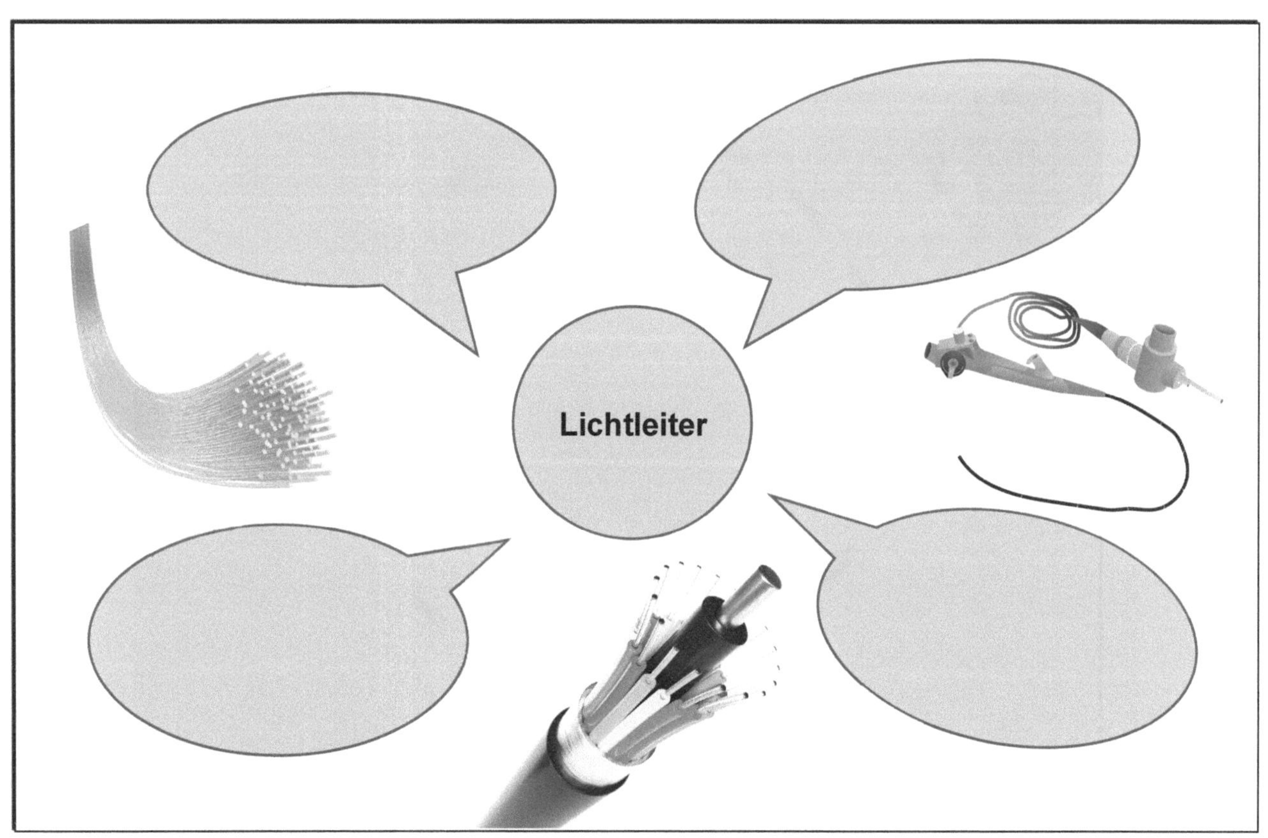

OPTIK

6 Brechung des Lichtes an Grenzflächen und Brechungsgesetz
(Blatt 4)

Totalreflexion

Totalreflexion tritt bei flachem Auftreffen des Lichtes auf eine Grenzfläche zu einem anderen lichtdurchlässigen Medium mit geringerem Brechungsindex auf.
Während das Auftreffen von Licht auf eine Grenzfläche unterschiedlicher Medien allgemein mit Brechung beim Übertritt in ein Medium mit verändertem Brechungsindex und Reflexion (hier im Bild nicht dargestellt) an der Grenzfläche verbunden ist, kommt es bei zunehmender Größe des Einfallswinkels ab einem bestimmten Winkel – dem Grenzwinkel – ausschließlich zur Reflexion, die als Totalreflexion bezeichnet wird.

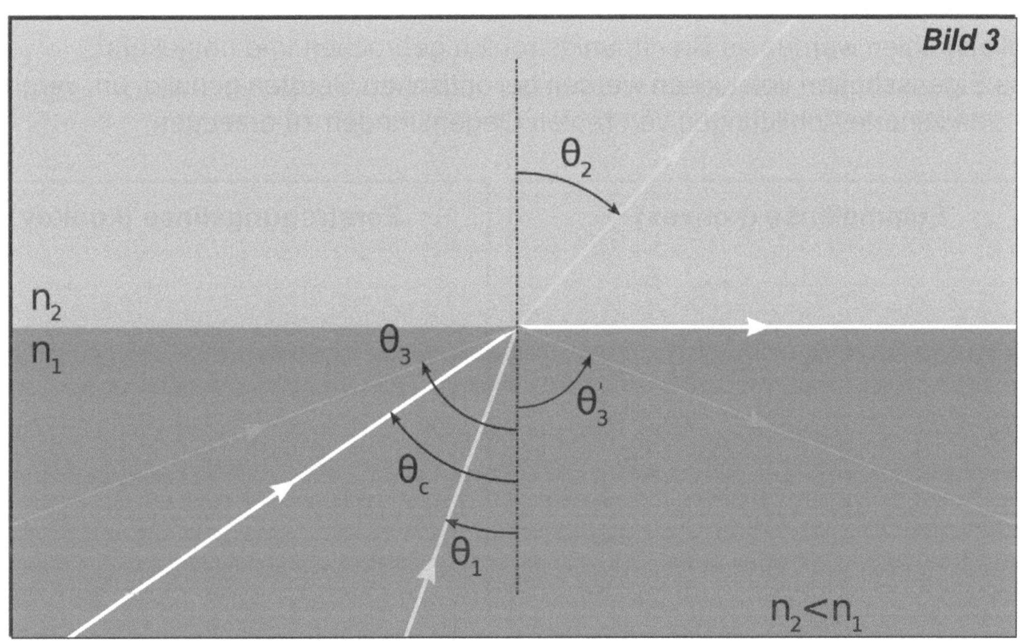

Legende:

n_1 und n_2 ($n_1 > n_2$) ______________________________

θ_1 ____________________ θ_2 ____________________

θ_c ____________________ θ_3 ____________________

Beim Eintritt des Lichtstrahls vom optisch dichteren in ein optisch dünneres Medium ist der Brechungswinkel stets ____________ als der Einfallswinkel, falls es noch nicht zur Totalreflexion gekommen ist.

Aufgabe 6: *Ergänze den Text und die Legende der schematischen Darstellung im Bild 3.*

Aufgabe 7:

Beschreibe den prinzipiellen Aufbau eines Glasfaserkabels.

____

____

____

(vereinfachte Darstellung)

7 Optische Linsen

7.1 Lichtbrechung, Begriffe und Strahlenverlauf an optischen Linsen *(Blatt 1)*

Was versteht man unter optischen Linsen?

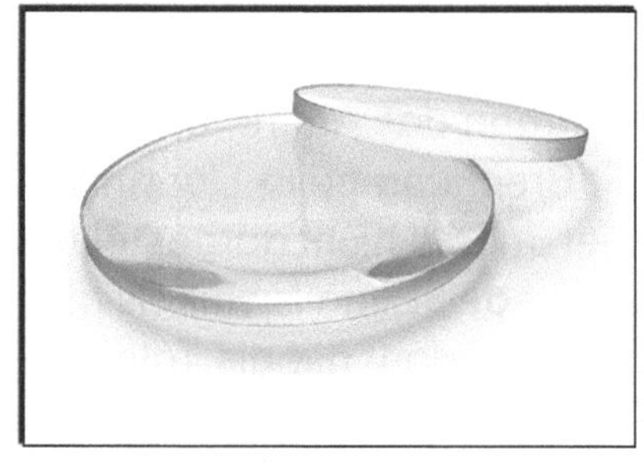

Optische Linsen sind sphärisch gekrümmte Scheiben, an deren Oberflächen durchgehendes Licht gebrochen wird. Dabei unterscheidet man zwischen konvexen Linsen, welche das gebrochene Licht in einem Punkt – dem Brennpunkt (Fokus) – sammeln und konkaven Linsen, welche das Licht zerstreuen.
Die entsprechende Regel der Strahlenoptik heißt:
Parallelstrahlen werden zu Brennpunktstrahlen gebrochen und umgekehrt.
Diese Eigenschaften von Linsen werden bei optischen Geräten genutzt, um vergrößerte oder verkleinerte Abbildungen von realen Gegenständen zu erzeugen.

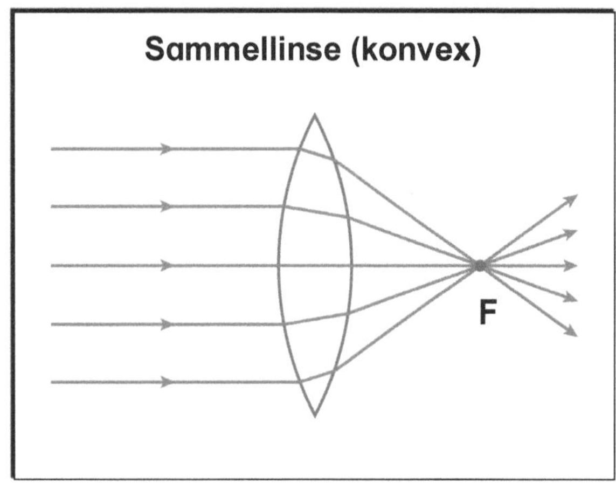

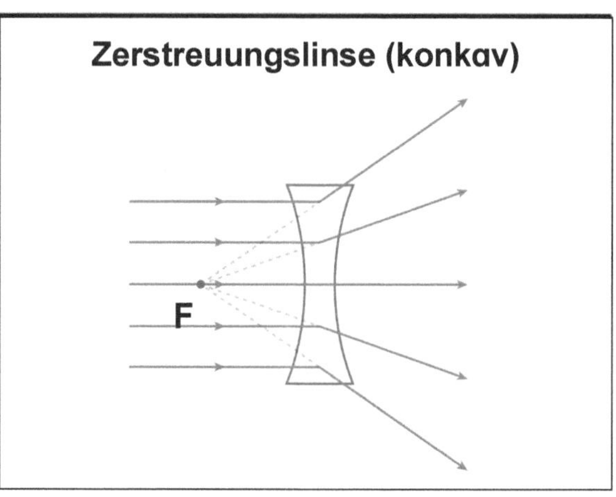

Aufgabe 1: *Markiere sowohl bei der Sammellinse als auch bei der Zerstreuungslinse jeweils einen Brennpunkt F.*

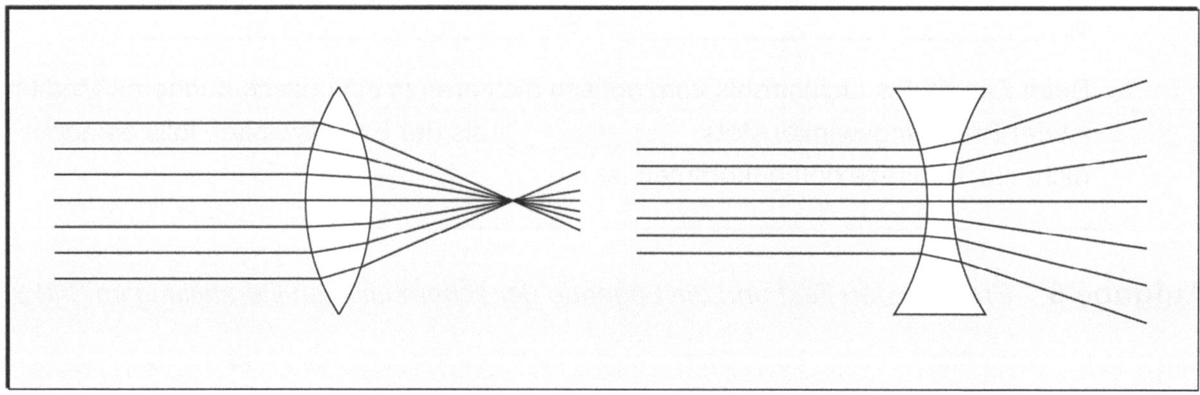

Aufgabe 2: *Welche Gefahr geht im Sommer von im Wald herumliegenden Glasscherben aus? Begründe deine Antwort.*

____

____

____

7 Optische Linsen

7.1 Lichtbrechung, Begriffe und Strahlenverlauf an optischen Linsen *(Blatt 2)*

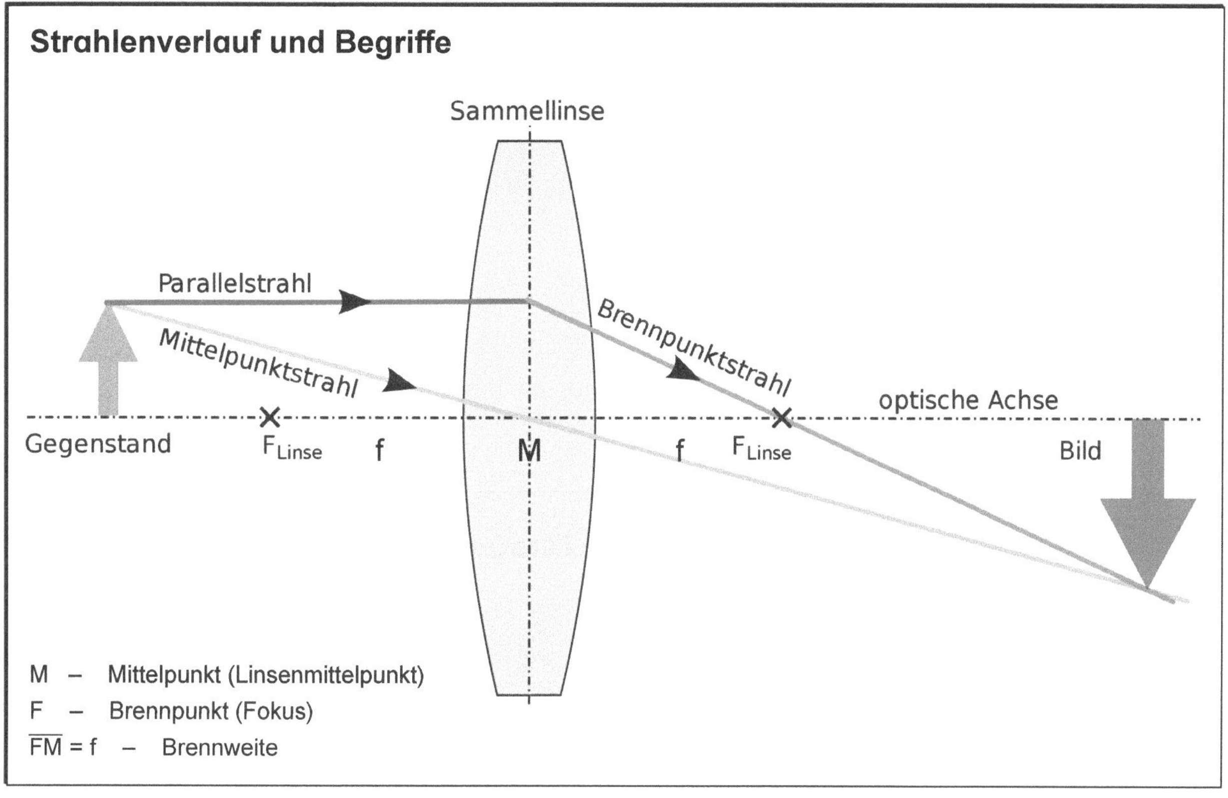

Aufgabe 3: *Konstruiere das Bild des Objektes mithilfe der Lichtstrahlen wie in der oberen Abbildung.*

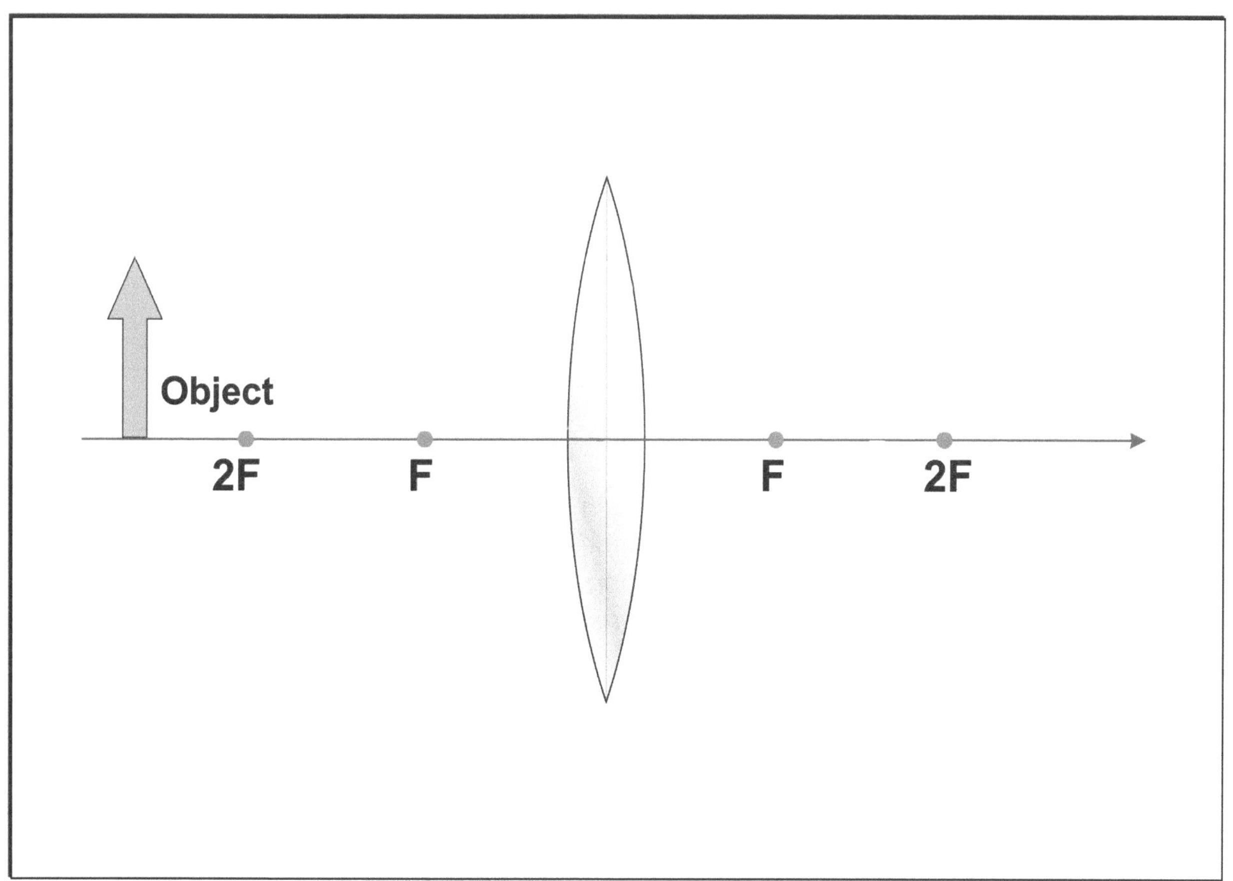

7.2 Bildentstehung bei Sammel- und Zerstreuungslinsen *(Blatt 1)*

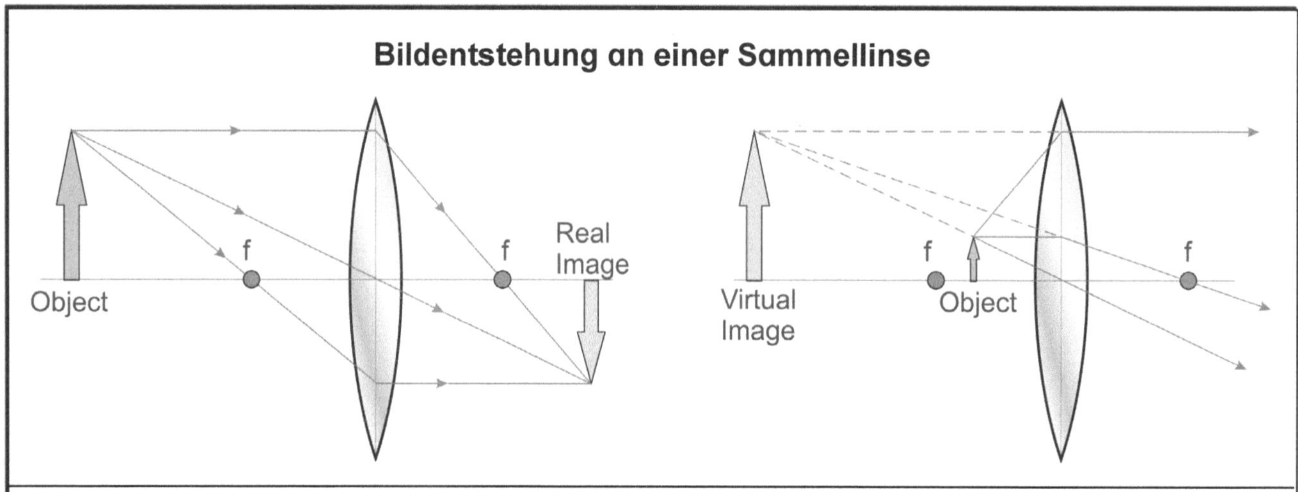

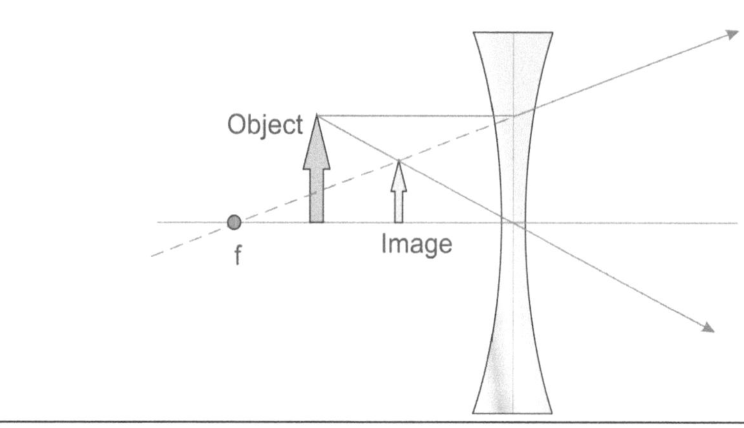

Aufgabe 1: *Beschreibe die unterschiedlichen Eigenschaften der Bilder für den Fall, dass sich der Gegenstand innerhalb der einfachen Brennweite*

a) *einer Sammellinse* **b)** *einer Zerstreuungslinse*

befindet.

____

____

____

Aufgabe 2: *In optischen Geräten befinden sich oft zwei Linsen – eine Sammellinse als Objektiv zur Erzeugung eines verkleinerten Zwischenbildes – und eine zweite Linse als Okular zur Vergrößerung des Zwischenbildes. Welchen Vorteil hat der Einsatz einer Zerstreuungslinse als Okular gegenüber einer zweiten Sammellinse?* *(siehe 7.6 – Aufbau und Funktion des historischen astronomischen Fernrohrs)*

____

____

____

____

7.2 Bildentstehung bei Sammel- und Zerstreuungslinsen *(Blatt 2)*

Bildentstehung bei Sammel- und Zerstreuungslinsen – eine Übersicht

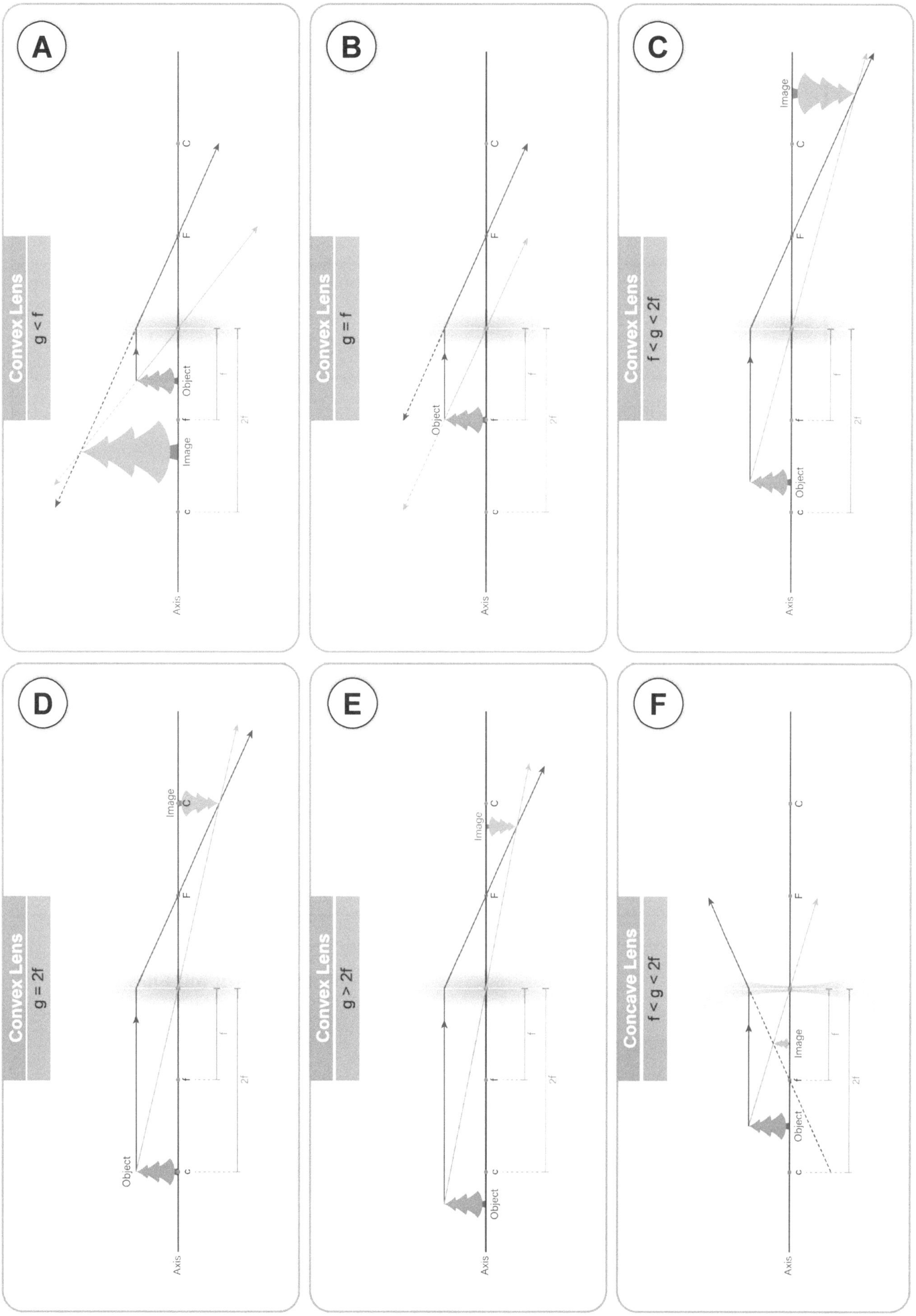

A
Convex Lens
g < f
Axis
C
F
f
c
Object
Image
2f
B
Convex Lens
g = f
Axis
C
F
f
c
Object
2f
C
Convex Lens
f < g < 2f
Axis
C
F
f
c
Object
Image
2f
D
Convex Lens
g = 2f
Axis
C
F
f
c
Object
Image
2f
E
Convex Lens
g > 2f
Axis
C
F
f
c
Object
Image
2f
F
Concave Lens
f < g < 2f
Axis
C
F
f
c
Object
Image
2f

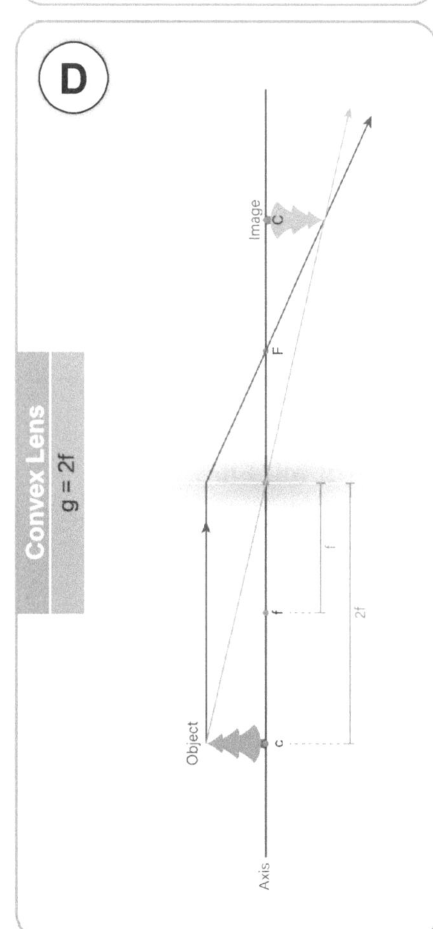

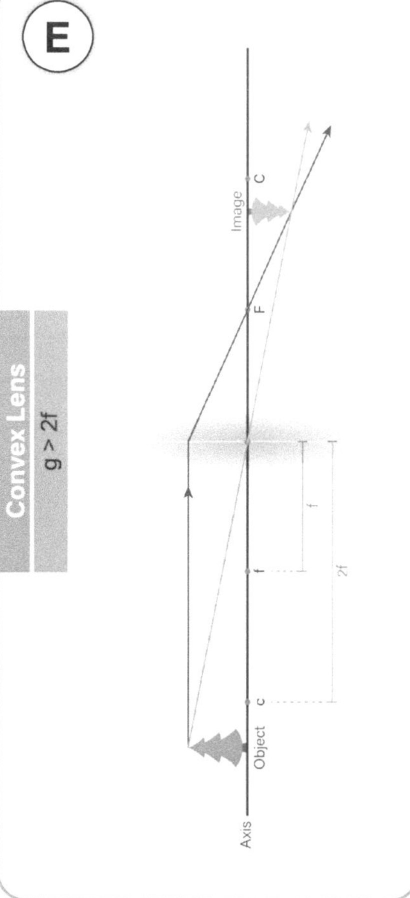

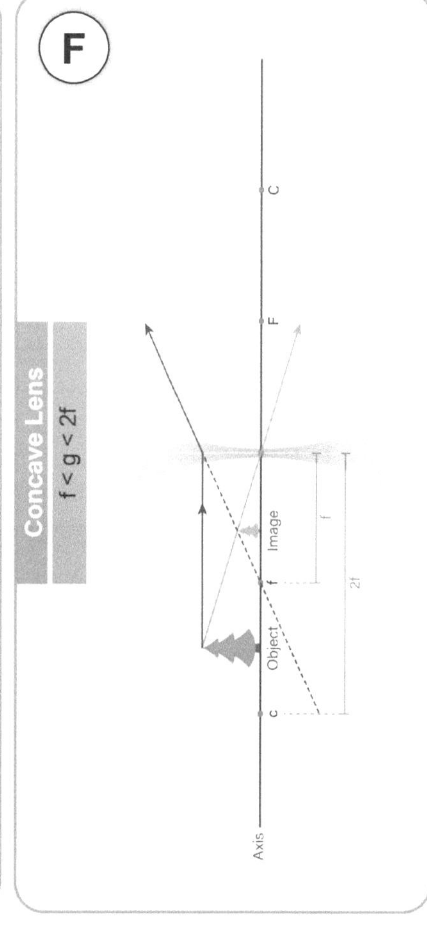

KOHL VERLAG
OPTIK
Die Wege des Lichts – Bestell-Nr. 13 032

7.2 Bildentstehung bei Sammel- und Zerstreuungslinsen *(Blatt 3)*

Aufgabe 3: *Beschreibe zur Übersicht auf Blatt 2 die wesentlichen Eigenschaften des Bildes in Abhängigkeit von der Gegenstandsweite g in Stichpunkten.*

Fall	Gegenstand	Eigenschaften des Bildes
A	innerhalb der einfachen Brennweite einer **Sammellinse** $g < f$	
B	im Brennpunkt einer **Sammellinse** $g = f$	
C	zwischen einfacher und doppelter Brennweite einer **Sammellinse** $f < g < 2f$	
D	in der doppelten Brennweite einer **Sammellinse** $g = 2f$	
E	außerhalb der doppelten Brennweite einer **Sammellinse** $g > 2f$	
F	zwischen einfacher und doppelter Brennweite einer **Zerstreuungslinse** $f < g < 2f$	

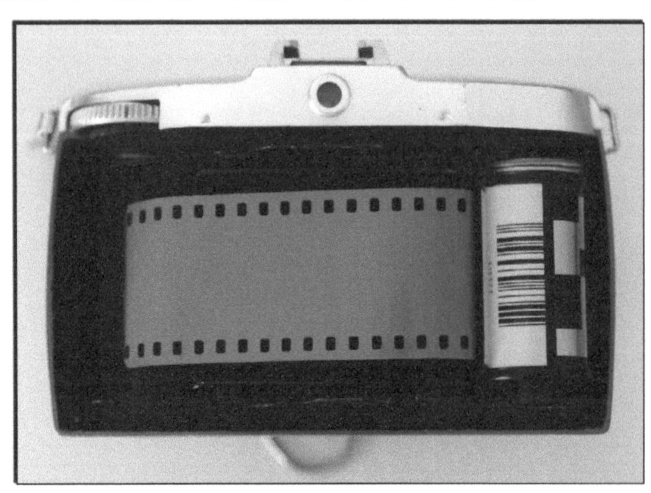

Fotoapparat mit Film

7 Optische Linsen

7.3 Abbildungs- und Linsengleichung *(Blatt 1)*

Aufgabe 1:

Die Abbildungsgleichung (Gleichung (I) im Bild unten) folgt aus dem Strahlensatz. Fertige eine Skizze der passenden Strahlensatzfigur an. Wähle dazu aus dem Bild unten einen passenden Lichtstrahl und passende Strecken aus und benenne sie entsprechend.

Deine Skizze:

____ = ____

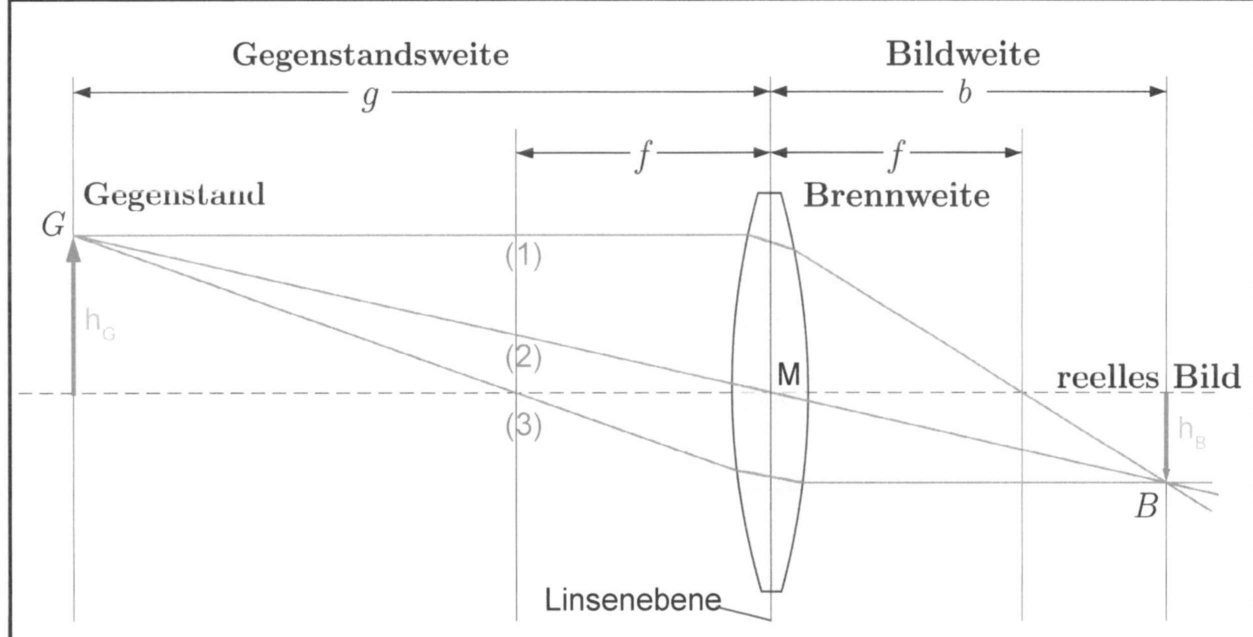

Für die Größen h_G des Gegenstandes und h_B des Bildes gilt:

(I) $$\frac{h_B}{h_G} = \frac{b}{g}$$ **Abbildungsgleichung**

(II) $$\frac{1}{g} + \frac{1}{b} = \frac{1}{f}$$ **Linsengleichung**

Aufgabe 2:

Berechne die Höhe des Bildes eines 25 cm hohen Gegenstandes, der sich in 40 cm Abstand von der Linse befindet, wenn der Bildschirm 24 cm von der Linse entfernt ist.

OPTIK Die Wege des Lichts – Bestell-Nr. 13 032
KOHL VERLAG

7.3 Abbildungs- und Linsengleichung *(Blatt 2)*

Aufgabe 3: **Nur für Experten!**

Leite die Linsengleichung her.
Fertige dazu eine Skizze der passenden Strahlensatzfigur an.
Wähle dazu aus dem Bild auf Blatt 1 einen passenden Lichtstrahl und passende Strecken aus und benenne diese entsprechend.

Tipp:
- *Arbeite mit der Projektion der Gegenstandsgröße h_G auf die Linsenebene.*
- *Ein Strahlenabschnitt muss die Länge der Brennweite haben.*
- *Du benötigst 2 Gleichungen, die du zu einer Gleichung – der Linsengleichung – zusammenführst. Eine Gleichung davon ist die Abbildungsgleichung.*

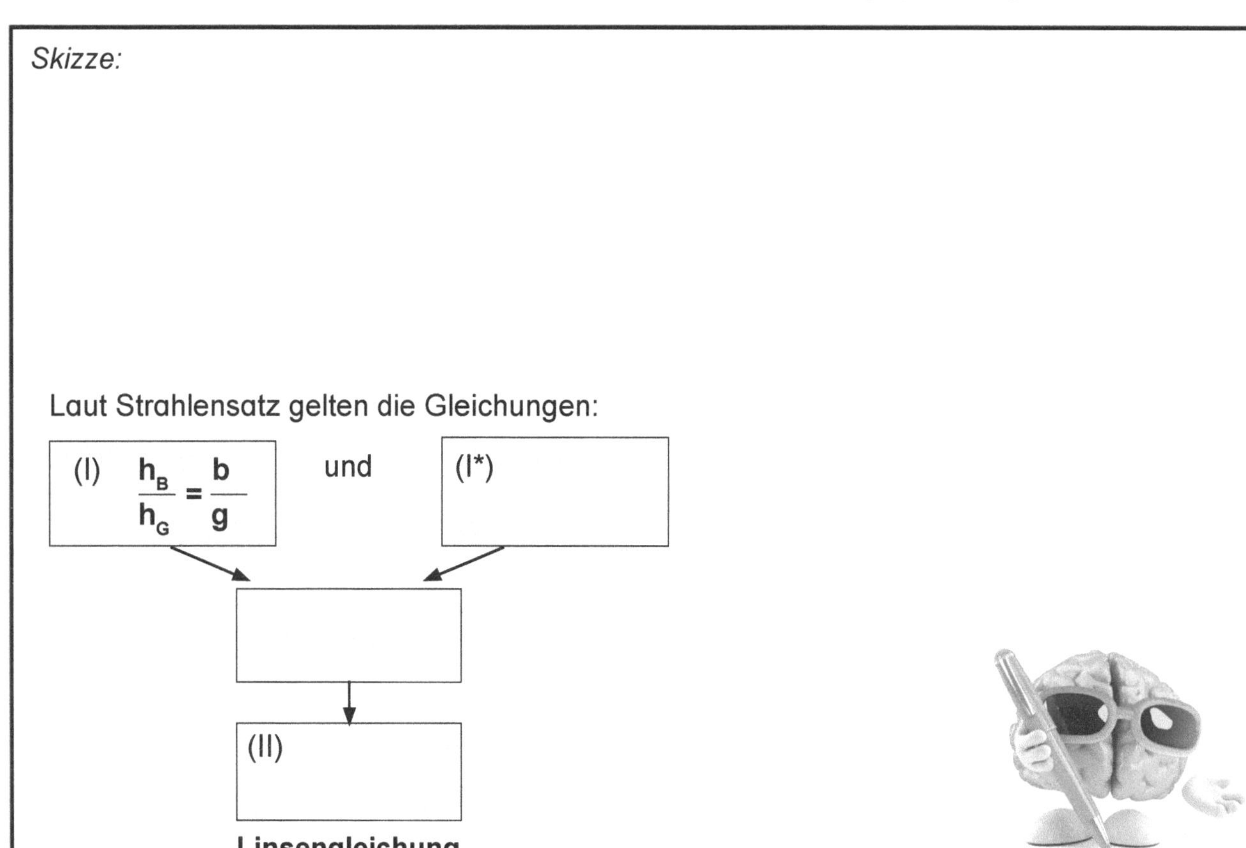

Aufgabe 4: *Die Linsengleichung* $\frac{1}{g} + \frac{1}{b} = \frac{1}{f}$ *soll nach b umgestellt werden.*

In welchem Fall wurde richtig umgestellt?

☐ **A** $b = \frac{1}{f} - \frac{1}{g}$ ☐ **B** $b = f - g$ ☐ **C** $b = \frac{g - f}{f \cdot g}$ ☐ **D** $b = \frac{f \cdot g}{g - f}$

Aufgabe 5:

a) *Eine Partyleuchte soll mit einem Objektiv (rechne wie mit einer Linse) in vierfacher Größe auf eine 5 m entfernte Wand projiziert werden. Welchen Abstand muss die Originalleuchte vom Objektiv haben und in welcher Entfernung von der Wand muss sich das Objektiv befinden?*

b) *Berechne auch die nötige Brennweite des Objektivs.*

Optische Linsen

7.4 Das menschliche Auge *(Blatt 1)*

Aufgabe: *Ordne in der Tabelle auf der folgenden Seite die untenstehenden (ungeordneten) Begriffe den Teilen des Auges passend zu und beschreibe deren Funktion in Stichpunkten. Nutze dazu auch Nachschlagwerke und das Internet.*

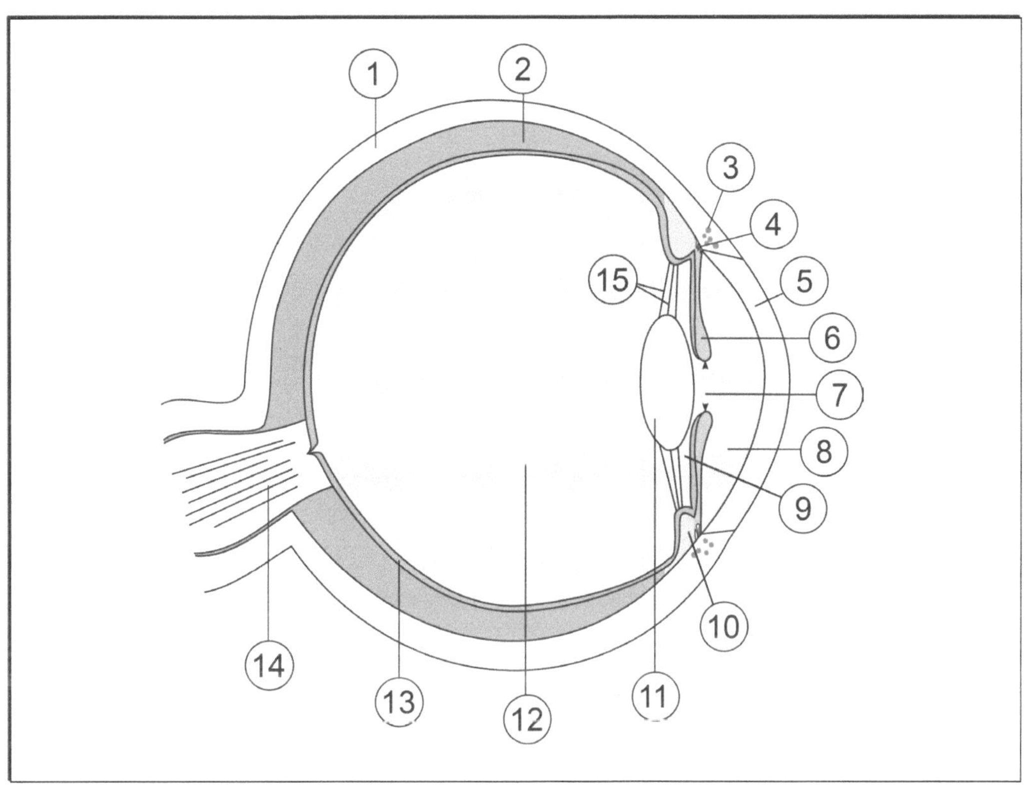

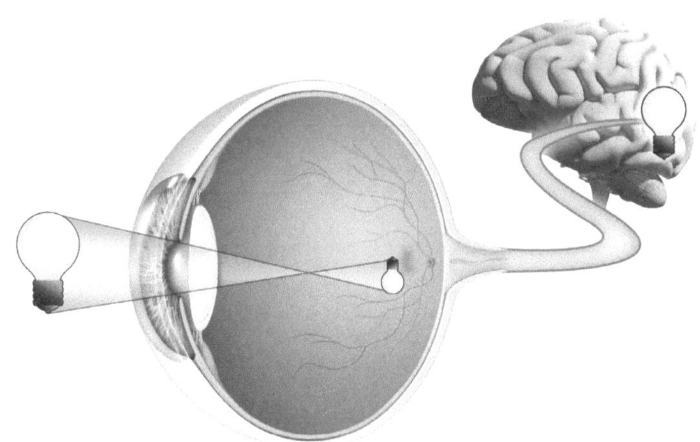

Sehnerv (*Nervus opticus*) • Hornhaut (*Cornea*) • Linse (*Lens*) • Lederhaut (*Sclera*) • vordere Augenkammer (*Camera anterior bulbi*) • Zonulafasern (*Fibrae zonulares*) • Netzhaut (*Retina*) und Pigmentepithel • Pupille (*Pupilla*), Glaskörper (*Corpus vitreum*) • hintere Augenkammer (*Camera posterior bulbi*) • Ziliarkörper (*Corpus ciliare*) • Schlemm-Kanal (*Sinus venosus sclerae*) • Regenbogenhaut (*Iris*) • Aderhaut (*Choroidea*) • Arterieller Gefäßring (*Circulus arteriosus iridis major*)

OPTIK
Die Wege des Lichts – Bestell-Nr. 13 032
KOHL VERLAG

7.4 Das menschliche Auge *(Blatt 2)*

Nr.	Bezeichnung	Funktion
1		
2		
3		
4		
5		
6		
7		
8		
9		
10		
11		
12		
13		
14		
15		

7.5 Die Lupe

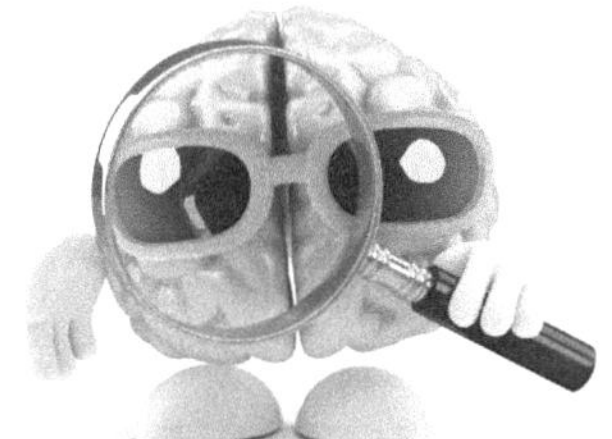

Aufgabe 1: *Erarbeite einen kurzen Steckbrief zur Lupe.*

Es interessiert unter anderem:
Verwendungszweck, Art dieses optischen Elements und physikalische Grundlagen, seit wann bekannt.

Aufgabe 2:

Konstruiere den Gegenstand zu dem virtuellen Bild bei der Abbildung mit einer Lupe.

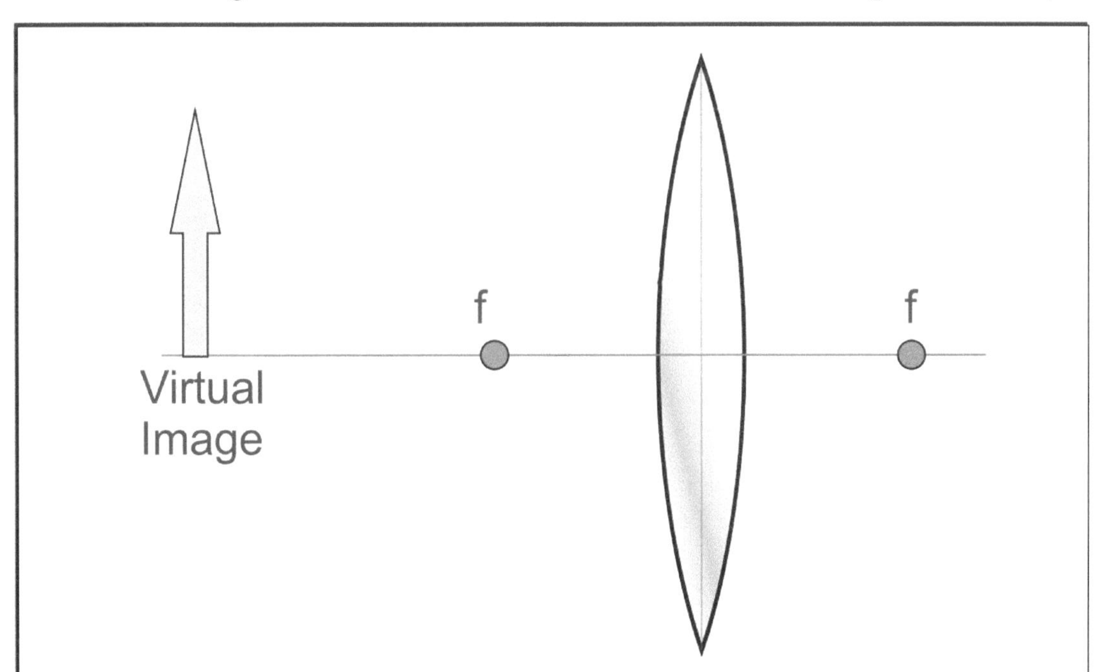

Aufgabe 3: *Vorsicht bei der Lagerung von Lupen! Begründe.*

7.6 Aufbau und Funktion des historischen astronomischen Fernrohrs *(Blatt 1)*

Aufgabe 1: *Nenne die beiden wesentlichen Funktionen eines Fernrohrs zur Beobachtung astronomischer Objekte.*

____

____

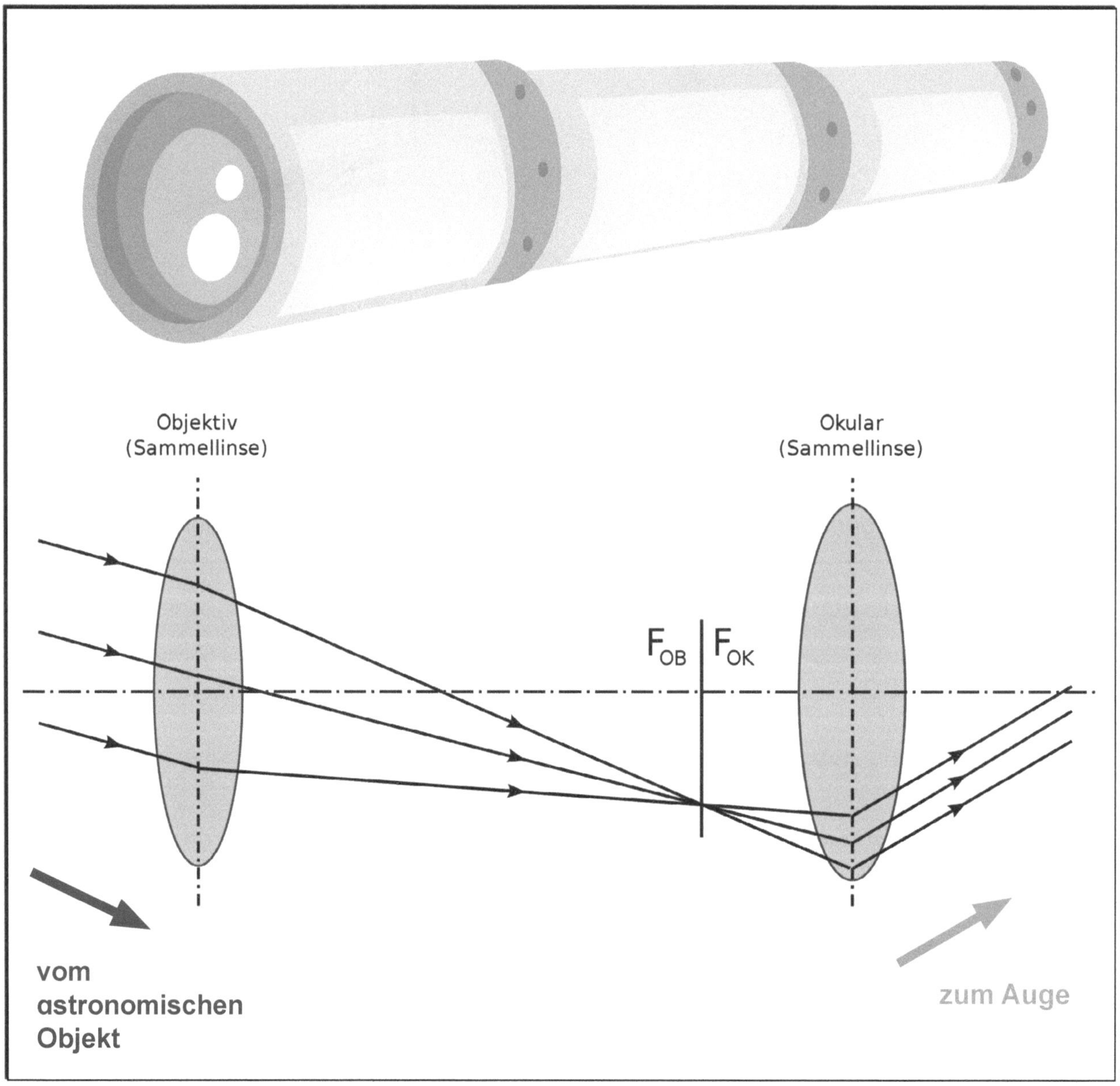

Objektiv (Sammellinse)

Okular (Sammellinse)

F_{OB} F_{OK}

vom astronomischen Objekt

zum Auge

Aufgabe 2:

Welcher Unterschied bestand zwischen dem Niederländischen Fernrohr, welches Galilei für seine astronomischen Beobachtungen benutzte, und dem Keplerschen Fernrohr? (siehe auch Blatt 3)

____

____

7 Optische Linsen

7.6 Aufbau und Funktion des historischen astronomischen Fernrohrs *(Blatt 2)*

Aufgabe 3: *Ergänze die folgenden Aussagen zur Funktion des Keplerschen Fernrohres:*

(1) Von sehr weit entfernten astronomischen Objekten fällt das Licht nahezu ______________ ein.

(2) Diese ________________________ werden vom Objektiv zu dessen __________________ F_{OB} hin gebrochen, wo ein sehr kleines, _______________ und ____________________ Zwischenbild erzeugt wird.

(3) Das Okular, dessen Brennpunkt F_{OK} mit dem Brennpunkt des Objektivs F_{OB} zusammenfällt, bricht die ________________________ zu Parallelstrahlen, die zum Auge gerichtet werden. Dabei entspricht die Funktion des Okulars dem einer ______________.

(4) Das Auge nimmt ein vergrößertes, ________________ Bild wahr.

(5) Für die Länge l des Fernrohres gilt: _______________________________.

Aufgabe 4: *Oft wird auch der Begriff „Teleskop“ anstatt „Fernrohr“ verwendet.*

Ergänze die Übersicht zur Entwicklung der Teleskoparten und gib ihre Funktionsweise in Stichpunkten an.

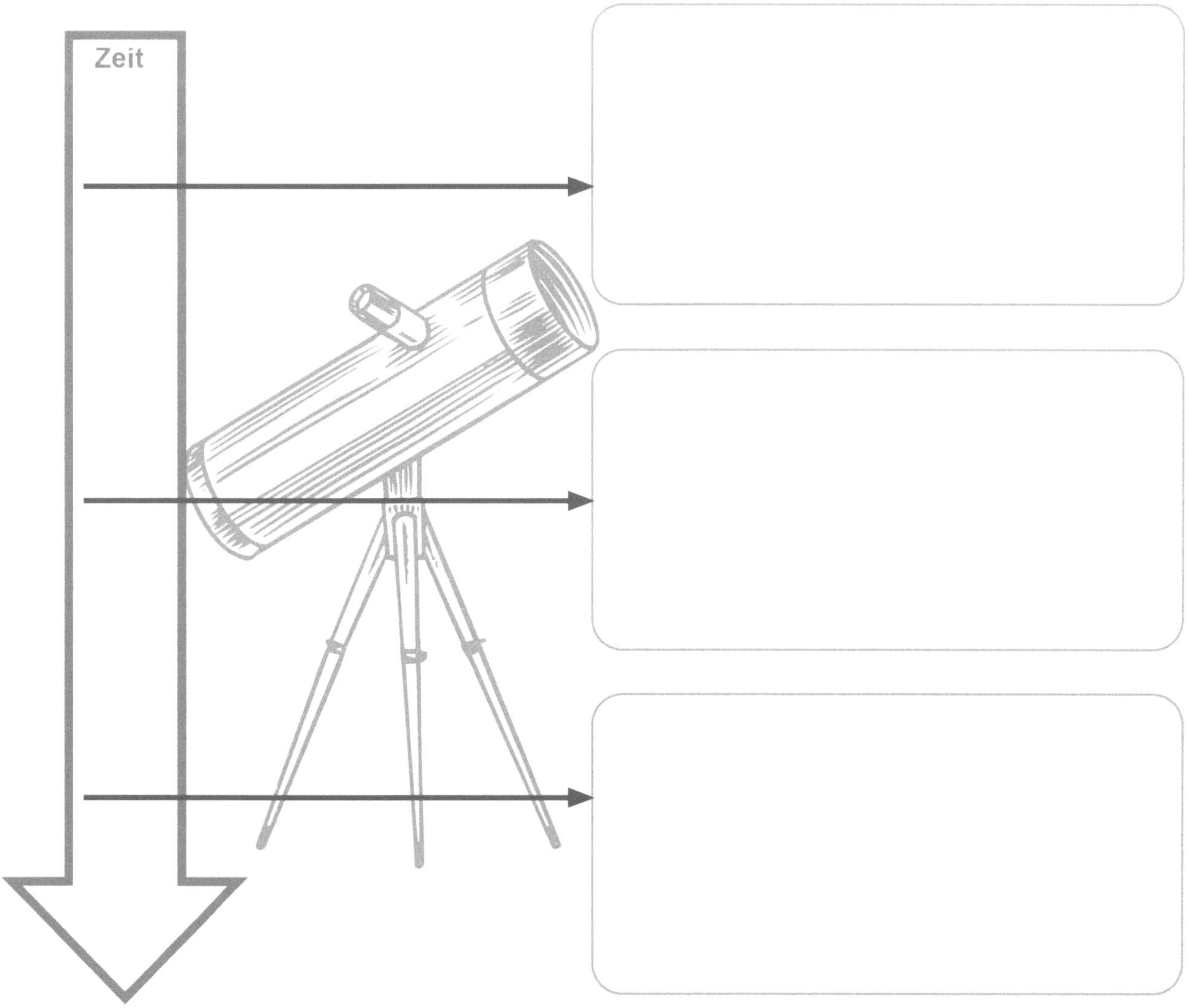

Zeit

7.6 Aufbau und Funktion des historischen astronomischen Fernrohrs *(Blatt 3)*

Ein Blick in die Geschichte des astronomischen Fernrohrs

Seit der Antike beobachteten die Menschen die Gestirne mit bloßem Auge oder mit einem einfachen Sehrohr, welches zur Ausblendung von Streulicht diente.
Später machten sich Forscher in aller Welt Gedanken darüber, wie man mit optischen Hilfsmitteln die Gestirne besser beobachten könne. Das Aufkommen von Brillengläsern seit dem 13. Jahrhundert konnte ein Schlüssel zur Konstruktion solcher Beobachtungsinstrumente sein. Eine Notiz von Leonardo da Vinci (1452-1519) belegt dessen Absicht, ein optisch vergrößerndes Gerät auf den Mond zu richten. So heißt es in dieser ins Deutsche übersetzten Notiz: „Mach Brillen, um zu sehen / den großen Mond".
Erst im Jahr 1608 wurde dieser Wunsch mit der Konstruktion des ersten Fernrohres von dem deutsch-niederländischen Brillenmacher Hans Lipperhey zur Realität. Als 1609 der italienische Universalgelehrte und Instrumentenbauer Galileo Galilei von der Erfindung Lipperheys erfuhr, entwickelte er mit käuflichen Brillengläsern Fernrohre mit konvexen Objektivlinsen und konkaven Okularlinsen. Mit Galileis Fernrohren konnte man weit entfernte Objekte bis auf das Dreißigfache vergrößert sehen, was für die Seefahrt, den Handel und für das Militär enorme Vorteile brachte.
Galilei verwendete sein Fernrohr hauptsächlich für astronomische Beobachtungen. Als erster Himmelsforscher gelang es ihm im Jahr 1610, mit dem Fernrohr die Oberfläche des Erdmondes zu erkunden, die sich entgegen allen bisherigen Annahmen nicht als glatt, sondern als rau und durch Krater geprägt zeigte. Im gleichen Jahr entdeckte Galilei die Monde des Planeten Jupiter. Seine Entdeckungen trugen zur Festigung des damals von der katholischen Kirche bestrittenen heliozentrischen Weltbildes bei.

Als der deutsche Astronom und Physiker Johannes Kepler von Galileis astronomischen Beobachtungen mit einem Fernrohr erfuhr, richtete sich Keplers Interesse auf die weitere Verbesserung der Qualität der Bilder, was dem fachkundigen Optiker mittels eines Austausches der konkaven Okularlinse durch eine konvexe Linse gelang. Die helleren, klareren Bilder des Keplerschen Fernrohres standen allerdings „auf dem Kopf", was aber bei astronomischen Beobachtungen unbedeutend war und lediglich Einschränkungen beim Einsatz für Erdbeobachtungen brachte. Keplers Verdienst bestand auch darin, theoretische Erklärungen für die optische Wirkungsweise des Fernrohres zu geben, was sich auch in seinem Werk *„Dioptrice"* zeigt.
Mit der Erfindung und der Verwendung des Fernrohres zur Beobachtung des Mondes und der Gestirne kam es in den folgenden Jahren zu einem Aufschwung in der astronomischen Forschung.

7.7 Das Spiegelteleskop *(Blatt 1)*

Aus der Geschichte des Spiegeltelekops

Spiegelteleskope sind optische Beobachtungsinstrumente, die als Objektiv einen Hohlspiegel statt einer wie beim Fernrohr üblichen Linse benutzen und vorrangig für astronomische Beobachtungen genutzt werden. Die meisten Bauformen verwenden neben diesem Hauptspiegel noch weitere optische Elemente wie Linsen, Umlenk- oder Fangspiegel.

Bereits im 13. Jahrhundert war die vergrößernde Wirkung konkaver Spiegel bekannt. Während Leonardo da Vinci 1512 die Verwendung von Hohlspiegeln zur Beobachtung des Sternenhimmels nur beschrieb, baute 1616 der Jesuitenpater Nicolaus Zucchiu das erste Spiegelteleskop. In den folgenden Jahren wetteiferten Forscher, wie beispielsweise Isaac Newton und der Priester Laurent Cassegrain, um die Vervollkommnung der optischen Technik solcher Teleskope.

„*Leviathan*“ – ein historisches Spiegelteleskop

Mit dem von ihm erbauten Spiegelteleskop namens *Leviathan* erkannte William Parsons, 3. Earl of Rosse, im Jahr 1845 die Spiralnatur von Galaxien. Der Spiegel aus „speculum metall“ – einer bronzeähnlichen Legierung – hatte einen Durchmesser von 1,83 m und wog 3,8 Tonnen. Von 1874 bis 1878 benutzte der dänische Astronom Johan Ludvig Emil Dreyer, der vor allem durch den New General Catalogue (NGC-Katalog) – ein Verzeichnis von über 7000 Sternhaufen, Nebeln und Galaxien – bekannt wurde, dieses Teleskop.

Leviathan war von 1845 an das bei weitem größte Teleskop der Welt und wurde erst 1917 mit der Inbetriebnahme des Mount-Wilson-Observatoriums übertroffen. Bis heute werden Spiegelteleskope weltweit zu astronomischen Beobachtungen eingesetzt. Sie eignen sich neben Beobachtungen im Bereich des sichtbaren Lichts für einen weiten Bereich des elektromagnetischen Spektrums, vom Ultraviolett bis zum fernen Infrarot.

7.7 Das Spiegelteleskop *(Blatt 2)*

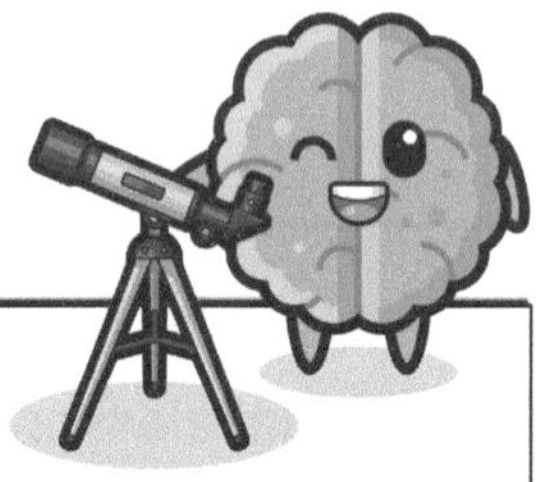

Aufbau des Newton-Teleskops

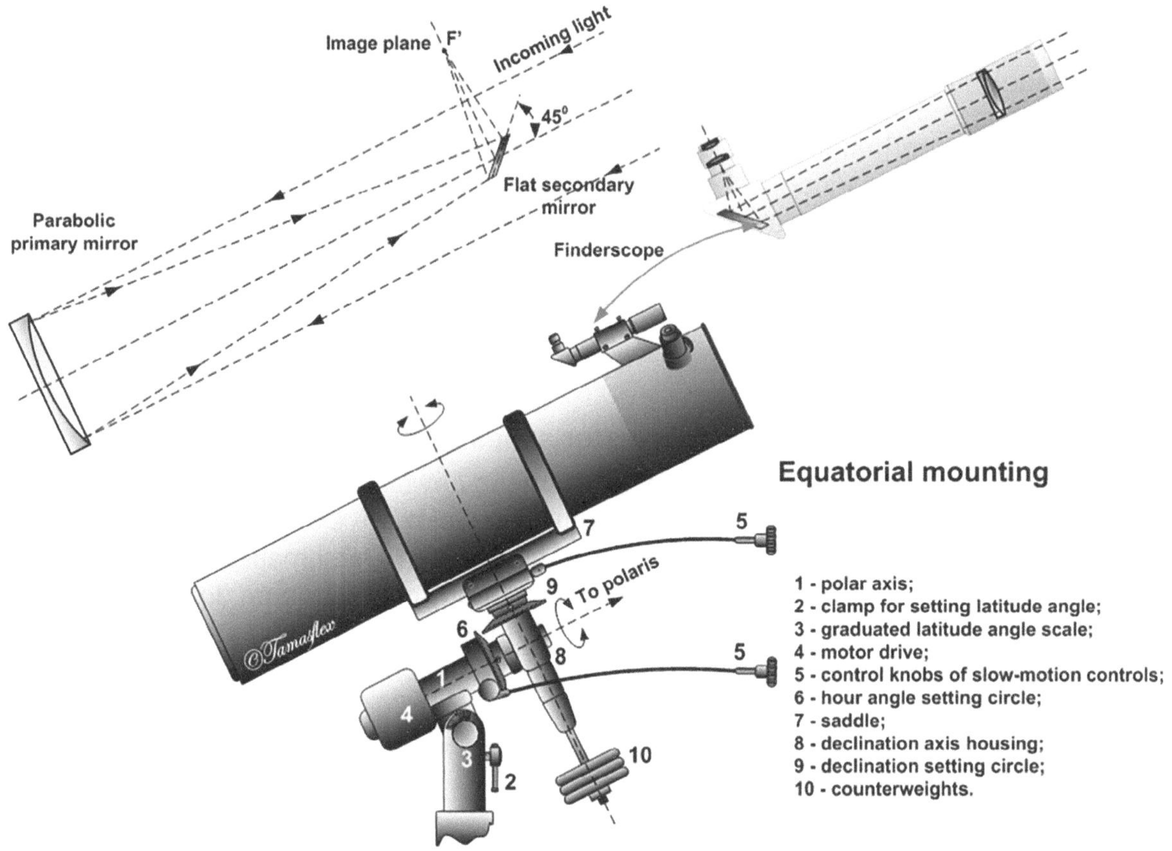

Image plane F'
Incoming light
45°
Flat secondary mirror
Parabolic primary mirror
Finderscope

Equatorial mounting

To polaris

1 - polar axis;
2 - clamp for setting latitude angle;
3 - graduated latitude angle scale;
4 - motor drive;
5 - control knobs of slow-motion controls;
6 - hour angle setting circle;
7 - saddle;
8 - declination axis housing;
9 - declination setting circle;
10 - counterweights.

©Tamaflex

Aufgabe 1: *Ergänze die Legende zum Newton-Teleskop. Nutze auch die Abbildung oben.*

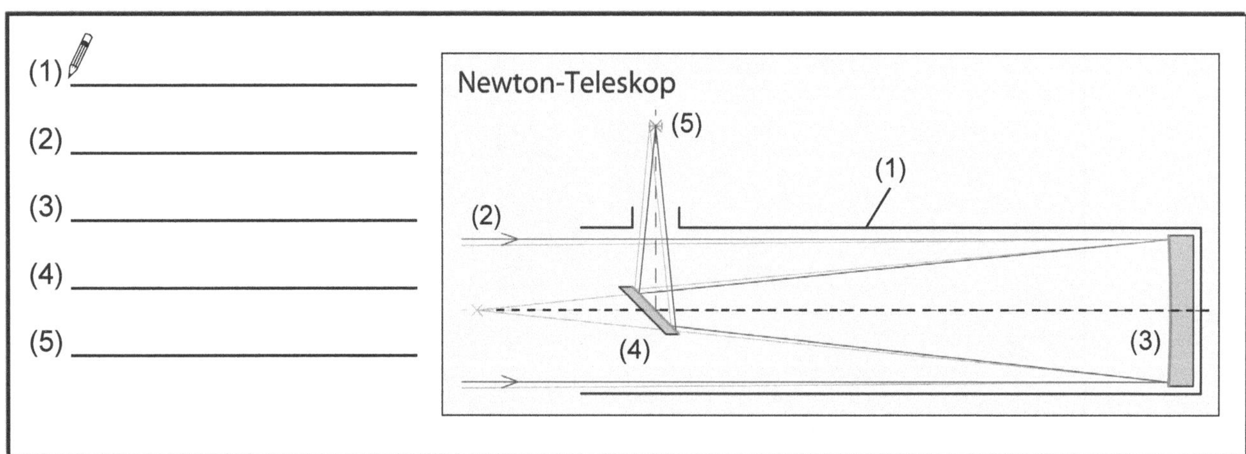

(1) ____________________

(2) ____________________

(3) ____________________

(4) ____________________

(5) ____________________

Aufgabe 2:

Worin besteht der Vorteil bei der Verwendung von Spiegelteleskopen gegenüber Linsen-Teleskopen bei astronomischen Beobachtungen in der Gegenwart?

____

7.7 Das Spiegelteleskop *(Blatt 3)*

Aufgabe 3:

Welche bedeutenden Verdienste auf dem Gebiet der Physik kommen Isaac Newton – außer dem Bau eines Spiegelteleskops im Jahr 1668 – weiterhin zu?

Von der Vielzahl von Teleskopen, die der deutsch-britische Astronom **Wilhelm Herschel** baute und für seine Entdeckungen benutzte, sind besonders bedeutsam:

- Den Planeten Uranus entdeckte Herschel 1781 mit einem Spiegelteleskop von 6 Zoll (15 cm) Durchmesser und 7 Fuß (210 cm) Brennweite.
- Für seinen Nebel-Katalog benutzte er hauptsächlich ein Gerät mit 18,7 Zoll (47,5 cm) Spiegeldurchmesser und 20 Fuß (6,1 m) Brennweite (ab 1783).
- Sein größtes Teleskop (s. Abb.) wurde 1789 unter seiner Anleitung gebaut und hatte einen Spiegeldurchmesser von 48 Zoll (122 cm) und eine Länge von 40 Fuß (etwa 12 m).
  Es wurde erst zwei Generationen später von Lord Rosses „Leviathan" übertroffen.
  Herschels 48-Zoll-Teleskop wurde 1839 durch einen Sturm zerstört.

Text in Anlehnung an: https://de.wikipedia.org/wiki/Wilhelm_Herschel

Aufgabe 4:

Erläutere am Beispiel der astronomischen Entdeckung Wilhelm Herschels im Jahr 1781 den Zusammenhang zwischen technischem Fortschritt und der Erkennbarkeit der Welt.

OPTIK
Die Wege des Lichts – Bestell-Nr. 13 032
KOHL VERLAG

7.7 Das Spiegelteleskop *(Blatt 4)*

Aufgabe 5:

*Fertige einen Steckbrief des „Gran Telescopio Canarias“ (GTC) an.
Nutze das Internet für Informationen. Es interessieren unter anderem:
Land, Standort mit geographischer Höhe, Inbetriebnahme, Spiegeldurchmesser, Besonderheiten des Spiegels, empfangener Wellenlängenbereich*

Aufgabe 6:

Welchen Zweck erfüllt der parabolische Spiegel bei einem Radioteleskop?

____

____

7 Optische Linsen

7.8 Das Lichtmikroskop

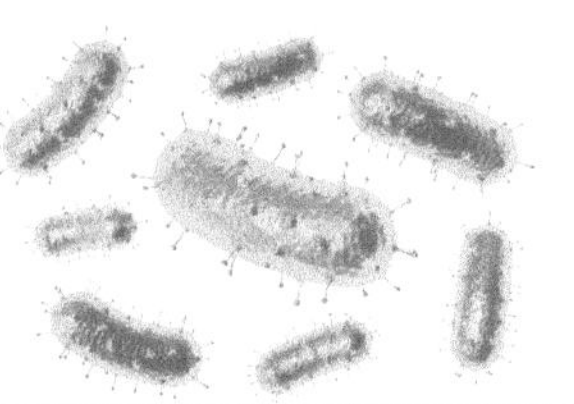

Mikroskope dienen in der Biologie, Medizin und den Materialwissenschaften dazu, winzig kleine Objekte mit Hilfe von optischen Linsen vergrößert anzusehen oder bildlich darzustellen. Das älteste bekannte Mikroskop ist ein Lichtmikroskop und wurde vermutlich um 1600 in den Niederlanden entwickelt. 1840 gelang bereits eine Vergrößerung um das 500-fache. Der Vergrößerungsfaktor ergibt sich als Produkt aus der Vergrößerung des Objektivs und der Vergrößerung des Okulars. Inzwischen kann man heute mit Lichtmikroskopen Vergrößerungen um das Tausendfache erreichen.

Aufgabe 1:

Welche beiden Fälle der Bildentstehung bei einer Sammellinse (siehe Übersicht auf Seite 37) liegen prinzipiell der Funktion eines Lichtmikroskops zugrunde? Wo befinden sich Gegenstand, Zwischenbild und Bild? Welche Eigenschaften haben Zwischenbild und Bild?

____

____

____

____

Aufgabe 2:

Ordne die Teile des Mikroskops der schematischen Darstellung im Bild rechts passend zu.

Beleuchtungsspiegel, Objekttisch, Objektträger, Beleuchtungslinsen, Objektiv, Tubus mit Okular

(A) ______________________________

(B) ______________________________

(C) ______________________________

(D) ______________________________

(E) ______________________________

(F) ______________________________

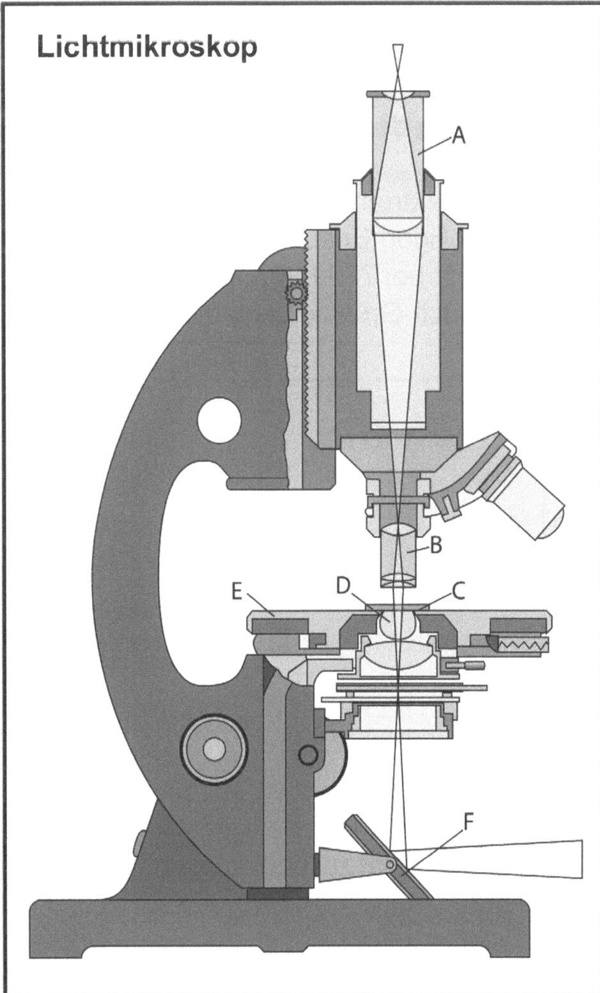

Aufgabe 3:

Welche Arten von Mikroskopen liefern heute eine noch stärkere Vergrößerung als Lichtmikroskope?

____

____

KOHL VERLAG OPTIK Die Wege des Lichts – Bestell-Nr. 13 032

8 Das Farbspektrum des Lichts

8.1 Dispersion am Prisma und die Spektralfarben

Ist Licht weiß oder bunt?

Abweichend von der antiken Vorstellung, farbige Erscheinungen beruhten auf einer Veränderung des Lichtes, das von Natur aus weiß sei, kam der berühmte Naturforscher Isaac Newton durch Experimente mit Lichtspalt und Prisma zu dem Ergebnis, dass weißes Licht zusammengesetzt ist und durch das Glas in seine Farben – die **Spektralfarben** – zerlegt werden kann. Damit hatte er die Behauptung seiner Vorgänger widerlegt, dass das Prisma die Farben dem weißen Licht hinzufüge.
Auf diese Weise konnte Newton mühelos die Entstehung des Regenbogens erklären.

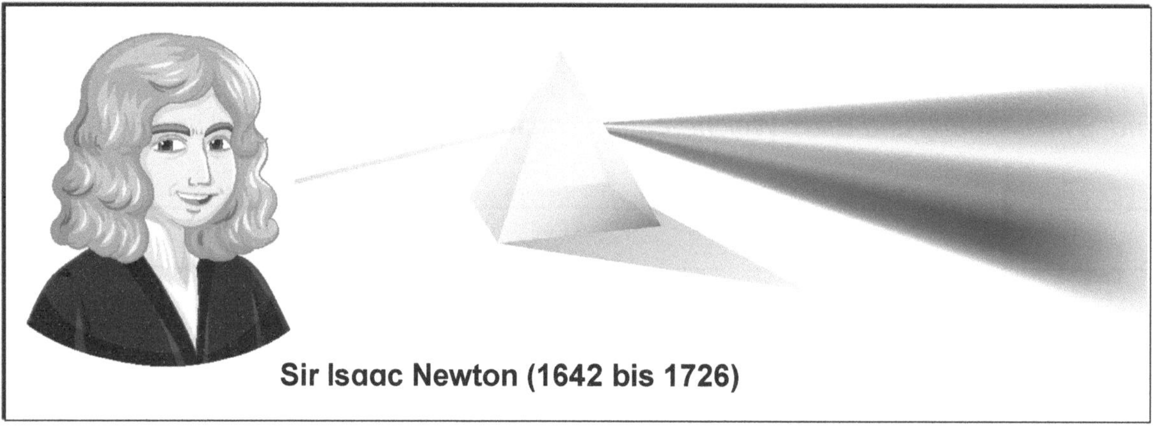

Sir Isaac Newton (1642 bis 1726)

Die im 17. Jahrhundert schon von Newton beschriebene Erscheinung wird heute als **Dispersion** – die von der Frequenz bzw. Wellenlänge des Lichts abhängende Ausbreitungsgeschwindigkeit des Lichts in Medien – bezeichnet, woraus die unterschiedliche Brechung der Farbkomponenten des Lichtspektrums folgt.

Das Spektrum des für den Menschen sichtbaren Lichts erstreckt sich zwischen dem kurzwelligen Ende des Ultravioletts bei 360-380 nm und dem langwelligen Anfang des Infrarots bei 780-820 nm. Der Farbton ändert sich dabei kontinuierlich von Violett über Blau nach Grün zu Gelb und Rot – bekannt als die Spektralfarben.

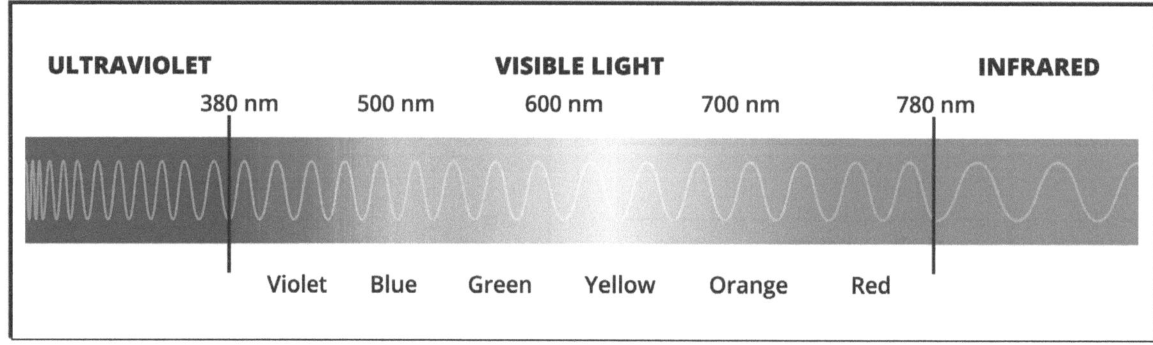

Das Lichtspektrum ist Teil des allgemeinen elektromagnetischen Spektrums, welches von der sehr kurzwelligen Höhenstrahlung über Gamma- und Röntgenstrahlung und über das Licht zu langwelligen Radar- und Radiowellen, bis hin zu den Wechselströmen reicht.

8.2 Der Regenbogen als optisches Naturphänomen

Der Regenbogen …

… ist ein atmosphärisches Phänomen, das als kreisbogenförmiges farbiges Lichtband in einem von der Sonne beschienenen Regenschauer erscheint. Die Erscheinung kommt durch das von Regentropfen gebrochene und zurückgeworfene Sonnenlicht zustande. Beobachter können die farbigen Bögen nur sehen, wenn die Sonne im Rücken tief genug steht. Der Farbverlauf umfasst die Spektralfarben des mit dem Auge sichtbaren Bereichs des Sonnenspektrums …

Sowohl beim Eintritt in als auch beim Austritt aus einem Regentropfen wird das Sonnenlicht gebrochen, die kurzwelligen (blauen) stärker als die langwelligen (roten) Anteile des Sonnenlichts. Das Sonnenlicht wird auf diese Weise in verschieden stark abgelenkte Strahlen unterschiedlicher Farben zerlegt. Zwischen Eintritt und Austritt werden diese Strahlen an der Tropfeninnenwand teilweise reflektiert und somit zum zwischen Sonne und Regenwand sich befindenden Beobachter zurückgeworfen. In dessen Augen gelangt Licht gleicher Farbe konzentriert aus Regentropfen, die sich auf einem schmalen Kreisbogen am Himmel befinden.

Der Regenbogen ist ein vielfaches Spiegelbild der Sonne, erzeugt von einem aus einer Unzahl von Wassertropfen bestehenden Spiegel. Diese Tatsache ist aber nicht „sonnenklar“, da das Original „Sonne“ nicht wirklichkeitsnah als kleine Scheibe […], sondern als relativ großer Ring […] abgebildet wird. Deshalb fragen wir uns, in welcher Distanz sich der Regenbogen vor dem landschaftlichen Hintergrund befindet, und wundern uns, dass er mit uns zur Seite „mitläuft“ und sich vor dem Hintergrund bewegt. Ein gleichzeitiger Blick in einen üblichen ebenen Spiegel (z. B. eine breite Fensterfront) kann das Wunder erklären: Der Regenbogen ist gleich riesig weit von uns entfernt wie die Sonne (er bzw. das Bild der Sonne in einem ebenen Spiegel sind dem Hintergrund überlagert, denn der Tropfen-Spiegel bzw. die Fensterscheibe sind halbdurchlässig), und er ist wie die Sonne momentan in fast gleicher Himmelsrichtung zu sehen (egal welchen Ort wir quer zum Regenbogen bzw. zur Sonne einnehmen). […]

Von den Wassertropfen wird ein Sonnenstrahl nicht nur reflektiert (an der Rückseite), sondern auch gebrochen. Deshalb erreichen uns keine Sonnenstrahlen vom virtuellen Sonnengegenpunkt aus, sondern von denjenigen Tropfen, die mit ihm den Regenbogenwinkel bilden. Somit sehen wir die Sonne nicht als kleine Scheibe, sondern als ziemlich großen, aber schmalen Ring. Dieser ist in nochmals schmälere, verschiedenfarbige Ringe unterteilt, weil die Farbanteile des Sonnenlichts beim Eintritt in die und beim Austritt aus den Tropfen unterschiedlich gebrochen werden.

Quelle: https://de.wikipedia.org/wiki/Regenbogen

Aufgabe 1:

a) *Welche optischen Vorgänge im Regentropfen sind Ursache für die Entstehung eines Regenbogens?*

b) *Mit welchem optischen Element ist der Regentropfen bzgl. seiner optischen Wirkung vergleichbar?*

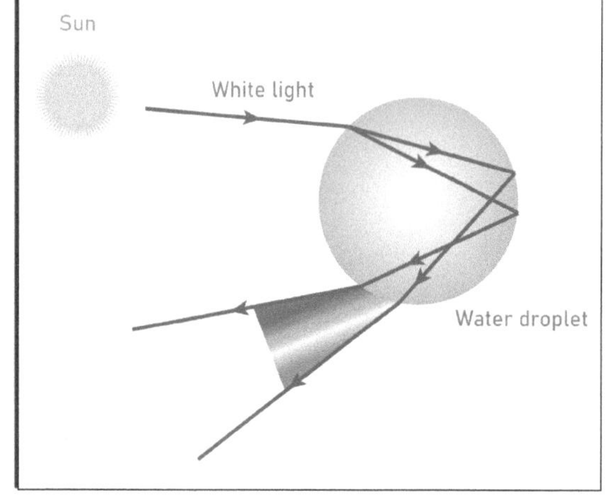

8.3 Die Farben des Lichts – Ein kleines Quiz (*Blatt 1*)

EA **Aufgabe**: *Kreuze die zutreffenden Antworten an. Auch Mehrfachantworten sind möglich.*

1. Welche Forscher und Poeten beschäftigten sich mit der Physik der Farben des Lichts?

- ☐ **A** Galileo Galilei
- ☐ **B** Johannes Kepler
- ☐ **C** Isaac Newton
- ☐ **D** Friedrich Schiller
- ☐ **E** Johann Wolfgang von Goethe
- ☐ **F** Albert Einstein

2. Welche Aussagen über das Sonnenlicht sind zutreffend?

- ☐ **A** Ein Teil des Sonnenlichts zeigt die sichtbaren Spektralfarben Rot, Orange, Gelb, Grün, Blau, Indigo, Violett.
- ☐ **B** Sonnenlicht enthält auch nicht sichtbare Anteile.
- ☐ **C** Die Spektralfarben des Sonnenlichts kann man auch im Regenbogen erkennen.
- ☐ **D** Sonnenlicht gehört nicht zum elektromagnetischen Spektrum.

3. Die von der Wellenlänge des Lichts abhängige Ausbreitungsgeschwindigkeit des Lichts in Medien bezeichnet man als …

- ☐ **A** … Dissoziation.
- ☐ **B** … Dissertation.
- ☐ **C** … Dispersion.
- ☐ **D** … Differenziation.

4. Die Ursache für die Aufspaltung weißen Lichts beim Durchgang durch ein Prisma ist …

- ☐ **A** … die unterschiedlich starke Brechung der Lichtkomponenten verschiedener Wellenlängen.
- ☐ **B** … die Vermischung der Lichtteilchen mit den Glasmolekülen des Prismas.
- ☐ **C** … bis heute ein ungeklärtes Phänomen.

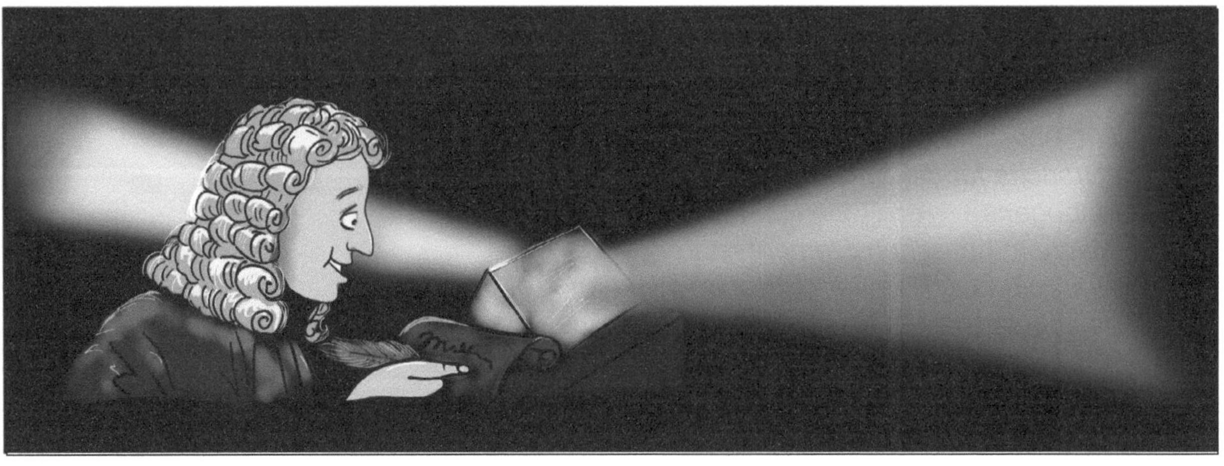

8.3 Die Farben des Lichts – Ein kleines Quiz *(Blatt 2)*

Aufgabe: *Kreuze die zutreffenden Antworten an. Auch Mehrfachantworten sind möglich.*

5. Bei der Brechung weißen Lichts durch ein Prisma …

☐ **A** … wird rotes Licht am stärksten abgelenkt.

☐ **B** … wird violettes Licht am stärksten abgelenkt.

☐ **C** … wird blaues Licht stärker abgelenkt als rotes.

6. Ein Regenbogen ist …

☐ **A** … eine göttliche Botschaft zur Vermittlung zwischen Himmel und Erde.

☐ **B** ... ein Phänomen, welches sowohl in der Sagenwelt wie in der Kunst Eingang findet.

☐ **C** … eine real existierende physikalische Erscheinung.

7. Welche Position zwischen Sonne (S), Regenbogen (R) und Beobachter (B) muss zur Sichtbarkeit eines Regenbogens bei Blickrichtung von links nach rechts (→) erfüllt sein?

☐ **A** S – $\underset{\rightarrow}{B}$ – R

☐ **B** $\underset{\rightarrow}{B}$ – R – S

☐ **C** $\underset{\rightarrow}{B}$ – S – R

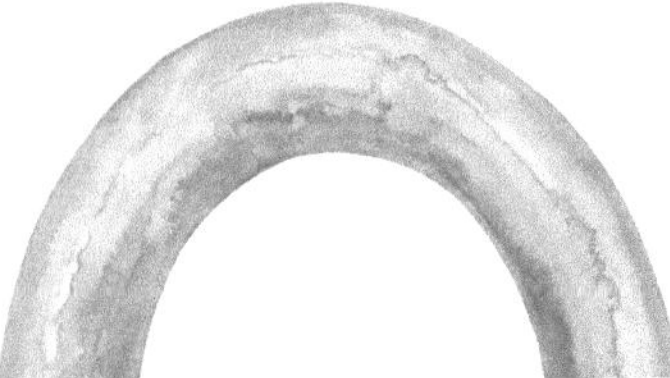

8. Die Entfernung d des Regenbogens …

☐ **A** … nimmt proportional mit wachsender Geschwindigkeit v ab, wenn man mit der Geschwindigkeit v auf den Regenbogen zufährt. ($d \sim \frac{1}{v}$)

☐ **B** … nimmt mit dem Quadrat der wachsenden Geschwindigkeit v ab, wenn man mit v auf den Regenbogen zufährt. ($d \sim \frac{1}{v^2}$)

☐ **C** … bleibt stets konstant, denn der Regenbogen entfernt sich im gleichen Maß vom Beobachter, wie sich dieser dem Regenbogen anzunähern versucht.

9. Welche der folgenden Werke stammen aus der Feder von Isaak Newton?

☐ **A** „Optik oder eine Abhandlung über die Reflexion, Brechung, Beugung und die Farben des Lichtes“

☐ **B** „Zur Farbenlehre“

☐ **C** „Philosophiae Naturalis Principia Mathematica"

☐ **D** „Dioptrice“

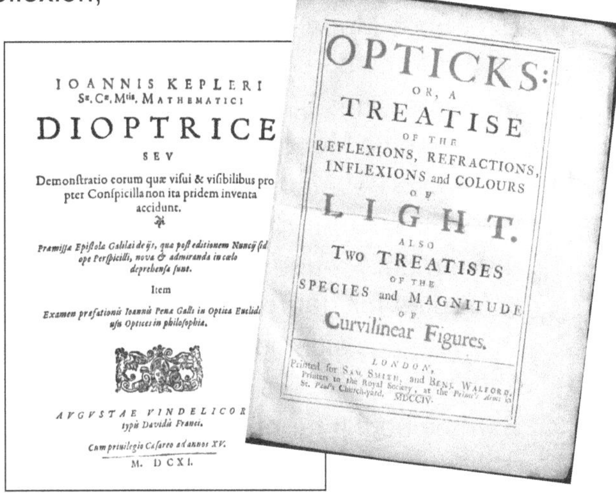

IOANNIS KEPLERI
S. C. M. MATHEMATICI
DIOPTRICE
SEU
Demonstratio eorum quæ visui & visibilibus propter Conspicilla non ita pridem inventa accidunt.

AUGUSTÆ VINDELICORUM
M. DCXI.

OPTICKS:
OR, A
TREATISE
OF THE
REFLEXIONS, REFRACTIONS, INFLEXIONS and COLOURS
OF
LIGHT.
ALSO
Two TREATISES
OF THE
SPECIES and MAGNITUDE
OF
Curvilinear Figures.
LONDON,
MDCCIV.

9 Das große Optikrätsel *(Blatt 1)*

Fragen

1. abstraktes Modell für den Ausbreitungsweg des Lichtes
2. Lichtausbreitung und (...) haben gemeinsame Merkmale.
3. Bezeichnung der von Albert Einstein angenommenen Lichtteilchen
4. veralteter Vorgänger der fotografischen Kamera
5. kosmische Lichtquellen
6. beleuchteter Himmelskörper
7. größte natürliche Lichtquelle der Menschen
8. Wenn Licht auf eine helle, glatte Oberfläche trifft, kommt es zur (...).
9. Beim Eindringen des Lichts von Luft in ein dichteres Medium erfolgt (...).
10. Elemente in optischen Geräten
11. kleine Öffnung eines optischen Gerätes zum Einlass des Lichtes
12. abzubildender Gegenstand
13. Ergebnis der Abbildung
14. ein anderes Wort für „Brennpunkt"
15. optische Kenngröße einer Linse
16. Eigenschaft eines Bildes, welches auf einem Bildschirm abgebildet wird
17. Eigenschaft des Bildes, scheinbar zu sein (kann nicht auf einem Bildschirm aufgefangen werden)
18. Nach außen gewölbte Linsen heißen (...).
19. Nach innen gewölbte Linsen heißen (...).
20. einfache konvexe Sammellinse kleiner Brennweite mit Fassung und Griff (Vergrößerungsglas)
21. sammelndes optisches System (ein oder mehrere Sammellinsen), welches ein reelles Bild eines Objekts erzeugt
22. augenseitig (lateinisch *oculus* = Auge) optisch wirksames Teil eines optischen Systems, bestehend aus einer oder mehreren Linsen zur virtuellen Vergrößerung eines reellen Zwischenbildes
23. Element einer fotographischen Kamera zur Speicherung der Bilder (inzwischen veraltet)
24. Moderne Kameras speichern die Bilder (...).
25. Bei unserem Auge wird das Bild auf der (...) aufgefangen.
26. Sehloch des Auges
27. die durch Pigmente gefärbte Blende des Auges zur Regulierung der Veränderung des Pupillendurchmessers
28. Ein frühes Modell des astronomischen Fernrohres wurde 1611 von dem Physiker und Astronomen (...) beschrieben und später nach ihm benannt.
29. Vorname eines bedeutenden Forschers, der im Mittelalter als erster mit einem Fernrohr die Mondkrater und die Monde des Jupiters entdeckte
30. optisches Bauelement, das unter anderem zur Umlenkung eines Lichtstrahls in optischen Geräten oder für Experimente zur Aufspaltung weißen Lichts eingesetzt wird
31. die von der Frequenz des Lichts abhängende Ausbreitungsgeschwindigkeit des Lichts in Medien mit der folglich unterschiedlichen Brechung an Grenzflächen
32. Das (...) des sichtbaren Lichts (vereinfacht: Farben) liegt zwischen Ultraviolett und Infrarot.
33. Sammelbegriff für optische Geräte, die mittels Linsen oder Spiegeln vergrößerte Abbildungen weit entfernter (astronomischer) Gegenstände ermöglichen

9 Das große Optikrätsel *(Blatt 2)*

Rätselfeld

Die Buchstaben in den markierten Feldern ergeben – in passende Reihenfolge gebracht – das Lösungswort.

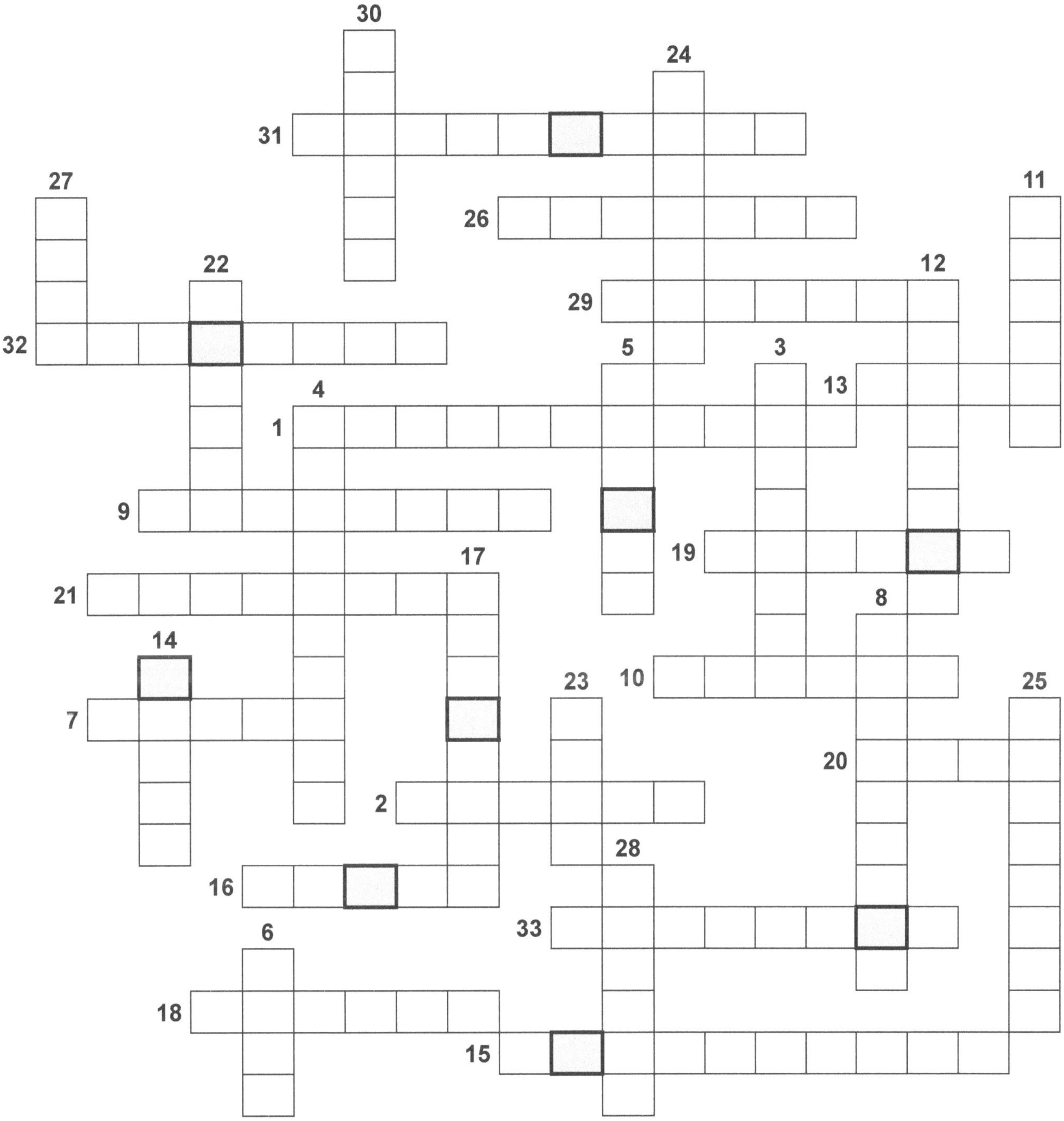

Lösungswort:

Lösungen

1 Vom Licht und seiner Ausbreitung *(Blatt 2)*

Aufgabe 1: Individuelle Antworten, beispielweise:

Strahlenoptik:

1. Die äußeren Begrenzungen des von einem Scheinwerfer im Dunkeln abgestrahlten Lichtbündels lassen sich idealisiert als „Lichtstrahlen" auffassen.
2. Schattenbildung

Wellenoptik:
Die unterschiedlichen Farben der Komponenten des Lichts (des Lichtspektrums) lassen sich nur mit ihren unterschiedlichen Wellenlängen erklären.

Quantenoptik:
Der Photoelektrische Effekt: Herauslösen von Elektronen aus einer Halbleiter- oder Metalloberfläche durch Bestrahlung mit Licht.

Aufgabe 2: Folgende Aussagen sind zutreffend:

B Ein Lichtstrahl ist eine gedachte Linie, welche den geradlinigen Ausbreitungsweg des Lichtes kennzeichnet.

C Lichtstrahlen kann man sich auch als Randstrahlen von Lichtbündeln vorstellen.

E Ausgehend von einer Lichtquelle „rast" das Licht im Vakuum mit der konstanten Geschwindigkeit von 299.792.458 m/s (etwa 300.000 km/s) geradlinig – symbolisiert als Strahl – durchs All.

F Lichtstrahlen ändern ihre Richtung durch Reflexion, Brechung oder Streuung nur dann, wenn sie auf andere Körper treffen bzw. in ein anderes Medium übergehen.

Aufgabe 3: Sterne und Mond können wir deshalb am Nachthimmel sehen, weil von diesen Himmelskörpern Licht zu unseren Augen gesendet wird. Allerdings ist der Mond im Gegensatz zu den heiß glühenden Fixsternen kein selbstleuchtender Körper (keine Lichtquelle), sondern er wird von der Sonne beleuchtet und reflektiert das Sonnenlicht.
Das tut er auch bei Neumond, was seine Stellung zur Sonne und zur Erde beschreibt, aber er wendet bei dieser Position seine von der Sonne beleuchtete Seite von der Erde ab.

2 Optische Phänomene und Begriffe im Suchrätsel

Aufgabe 1:

Waagerecht
BRENNPUNKT, LOCHKAMERA, BRILLE, OKULAR, LUPE, OPTIK, SPIEGEL, LINSE, MIKROSKOP, FERNROHR, VIRTUELL, TELESKOP, REGENBOGEN, SPEKTRALFARBEN, BRECHUNG, KONVEX

Senkrecht
ORIGINAL, KONKAV, LICHTSTRAHL, FOTO, BLENDE, BILD, REFLEXION, AUGEN, REELL, OBJEKTIV, PRISMA

				B	R	E	N	N	P	U	N	K	T	O
		L	O	C	H	K	A	M	E	R	A			B
B	R	I	L	L	E					E			R	J
		C	O	K	U	L	A	R		F	A		E	E
		H			B			B		L	U	P	E	K
O	P	T	I	K	L			I		E	G		L	T
R		S	P	I	E	G	E	L		X	E		L	I
I	K	T	F		N			D	L	I	N	S	E	V
G	O	R	O		D	M	I	K	R	O	S	K	O	P
I	N	A	T		E	Y	F	E	R	N	R	O	H	R
N	K	H	O			V	I	R	T	U	E	L	L	I
A	A	L		T	E	L	E	S	K	O	P			S
L	V	R	E	G	E	N	B	O	G	E	N			M
S	P	E	K	T	R	A	L	F	A	R	B	E	N	A
	B	R	E	C	H	U	N	G	K	O	N	V	E	X

Lösungen

3 Licht malt Bilder

3.1 Die *Camera obscura*

Aufgabe 1: (Für Fortgeschrittene)

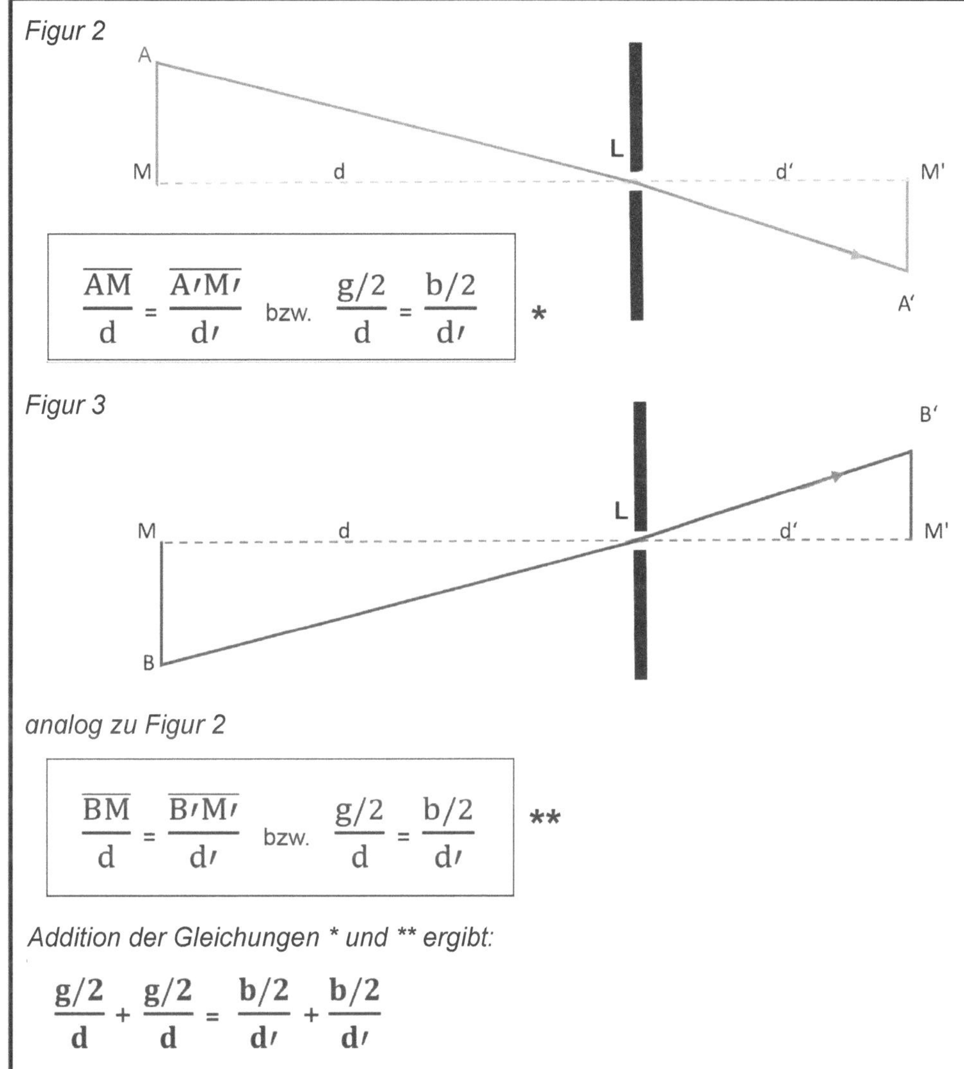

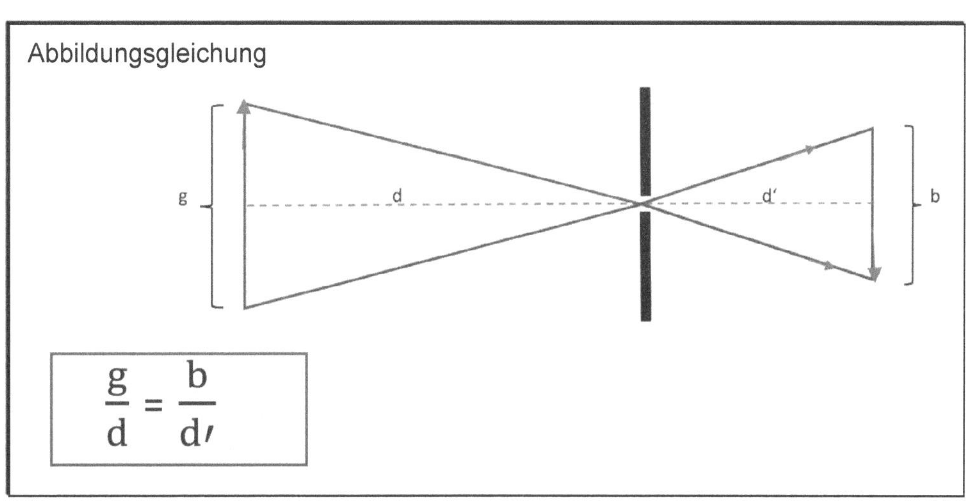

Aufgabe 2: Wenn der Gegenstand bei festem Abstand des Bildschirms von der Lochblende näher an die Lochblende heranrückt, wird das Bild größer.

Lösungen

3 Licht malt Bilder

3.1 Die *Camera obscura*

Aufgabe 3:

a) gegeben: g = 8 cm, d = 40 cm, d' = 10 cm, gesucht: b

Lösung: $\frac{g}{d} = \frac{b}{d'} \rightarrow b = \frac{g}{d} \cdot d' \rightarrow b = \frac{(8\text{ cm})}{(40\text{ cm})} \cdot 10\text{ cm} = 2\text{ cm}$

Das Bild der Glühlampe ist 2 cm hoch.

b) $b = \frac{(8\text{ cm})}{(40\text{ cm})} \cdot 20\text{ cm} = 4\text{ cm}$

Die Bildgröße nimmt mit zunehmender Bildweite zu und erreicht bei einer Bildweite von 20 cm die Bildhöhe von 4 cm.

Aufgabe 4:

a) Skizze

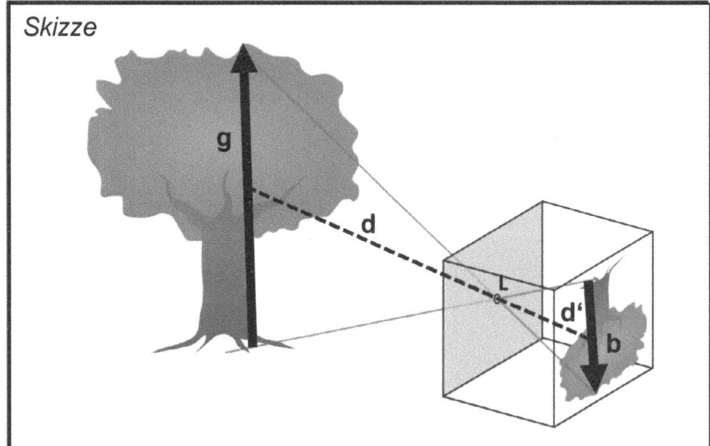

b) Der Strahlensatz setzt voraus, dass Strahlen, die von einem gemeinsamen Punkt ausgehen, von parallelen Geraden geschnitten werden.
Diese Bedingungen sind erfüllt, denn:
- Lichtbündel werden idealisiert als Lichtstrahlen betrachtet.
- Die Lochblende kann idealisiert als Punkt angenommen werden.
- Die Bildebene muss parallel zur Gegenstandsebene verlaufen, was hier erfüllt ist.

c) gegeben: b = 20 cm, d' = 25 cm, d = 20 m, gesucht: g

Lösung: $\frac{g}{d} = \frac{b}{d'} \rightarrow g = \frac{b}{d'} \cdot d \rightarrow g = \frac{20\text{ cm}}{25\text{ cm}} \cdot 20\text{ m} = 16\text{ m}$

Der Baum hat eine Höhe von 16 m.

Aufgabe 5:

a) gegeben: b = 12 cm, d' = 20 cm, g = 1,65 m, gesucht: d

Lösung: $\frac{g}{d} = \frac{b}{d'} \rightarrow \frac{d}{g} = \frac{d'}{b} \rightarrow d = \frac{d'}{b} \cdot g \rightarrow d = \frac{20\text{ cm}}{12\text{ cm}} \cdot 1{,}65\text{ m} = 2{,}75\text{ m}$

Der Schüler muss in 2,75 m Entfernung von der Lochkamera stehen.

b) Für die Bildgröße gilt folgende Formel (siehe Aufgabe 3a):

$b = \frac{g}{d} \cdot d' = g \cdot \frac{d'}{d}$

Für g und d' konstant folgt die indirekte Proportionalität der Bildgröße zur Gegenstandsweite $b \sim \frac{1}{d}$.

Folglich gilt:
Je weiter sich der Schüler von der Lochkamera entfernt, desto kleiner wird das Bild.

Lösungen

3 Licht malt Bilder

3.2 Kleines Quiz zur Lochkamera

Aufgabe 1: Die Camara obscura ...
B ... wurde bereits seit dem 13. Jahrhundert zu astronomischen Beobachtungen genutzt.

Aufgabe 2: A Je näher der Gegenstand an die Lochblende heranrückt, desto größer wird das Bild.

Aufgabe 3: B Das Bild wird größer.

Aufgabe 4: Eine Lockkamera erzeugt auf dem Bildschirm ...
C ... ein seitenverkehrtes und umgekehrtes Bild.

Aufgabe 5: Das Bild auf dem Schirm ...
C ... kann kleiner, größer oder genau so groß wie der Gegenstand sein.

Aufgabe 6: B Das Bild wird heller, aber unschärfer.

Aufgabe 7: Mit einer Lochkamera kann man ...
A ... Bilder betrachten und malen.

4 Von der Camera obscura zur fotografischen Kamera

Aufgabe: Elemente bzw. Funktionen einer modernen Kamera sind unter anderem:

- ***Kreisblende*** mit veränderlichem Durchmesser zur Begrenzung der Lichtmenge
- ***Verschluss der Blende*** zur Einstellung der Belichtungszeit
- ***Objektiv*** (Linsensystem mit Vorrichtung zum Regulieren der Bildschärfe und Bildgröße)
- ***Spiegel und Prisma*** zur Vorschau auf den Bildausschnitt
- ***Film als Bildspeicher*** (zum Teil veraltet)
- ***digitaler Bildspeicher***
- ***USB-Anschluss*** zur Bildübertragung für Computer und Internet
- mitunter heute sogar ***WLAN zur Bildübertragung***
- ***Ladevorrichtung*** zur Stromversorgung

5 Die Reflexion des Lichtes

5.1 Das Reflexionsgesetz

Aufgabe 1:

A	B	C
Das Licht wird von dem bestrahlten Material „verschluckt“ – absorbiert. Rauhe, schwarze Flächen absorbieren Licht.	Das Licht wird vom Material zurückgeworfen – reflektiert. Spiegel und glatte, helle Oberflächen, z. B. Edelstahl, und glatte Wasseroberflächen reflektieren Licht.	Das Licht durchdringt das Material. Das ist beispielsweise bei Glas und Wasser möglich.

Lösungen

5 Die Reflexion des Lichtes

5.1 Das Reflexionsgesetz

Aufgabe 2: Links ist die Reflexion des Lichtes auf einer glatten Oberfläche dargestellt; die Strahlen werden in die gleiche Richtung reflektiert und verlaufen somit parallel. Rechts fällt das Licht auf eine raue Oberfläche. Die Strahlen werden in unterschiedliche Richtungen reflektiert (diffuse Reflexion).

Aufgabe 3: Hier trifft das Licht senkrecht auf den Spiegel. Der Lichtstrahl schließt mit dem Einfallslot den Winkel $\alpha = 0°$ ein. Wegen $\alpha = \alpha'$ folgt, dass auch der reflektierte Stahl mit dem Einfallslot einen Winkel von 0° einschließt; einfallender und reflektierter Lichtstrahl fallen mit dem Einfallslot zusammen.

5.2 Bildentstehung am ebenen Spiegel und Bildeigenschaften

Aufgabe 1: Bei den Abbildungen **B**, **C**, **D**, **E** und **H** handelt es sich um Spiegelbilder am ebenen Spiegel.

Aufgabe 2:

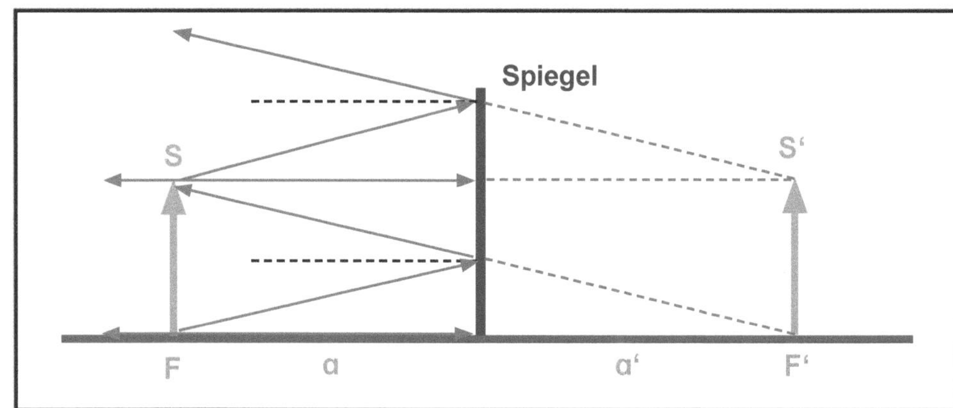

Aufgabe 3: **Bildeigenschaften**:
- aufrecht
- Bildgröße und Gegenstandsgröße sind gleich
- gleicher Abstand vom Spiegel wie das Original (Bild und Original sind achsensymmetrisch zur Spiegelachse)

Aufgabe 4: „Lügenspiegel" sind: A, B und D.

Aufgabe 5: Parallel einfallende Lichtstrahlen werden nicht zu parallelen Strahlen reflektiert, da infolge der rauen, somit unebenen Oberfläche die Einfallslote unterschiedliche Richtungen haben.
Das Licht wird in verschiedene Richtungen gestreut. Es entstehen kaum erkennbare, unscharfe, unsymmetrische „Bilder".

Aufgabe 6:

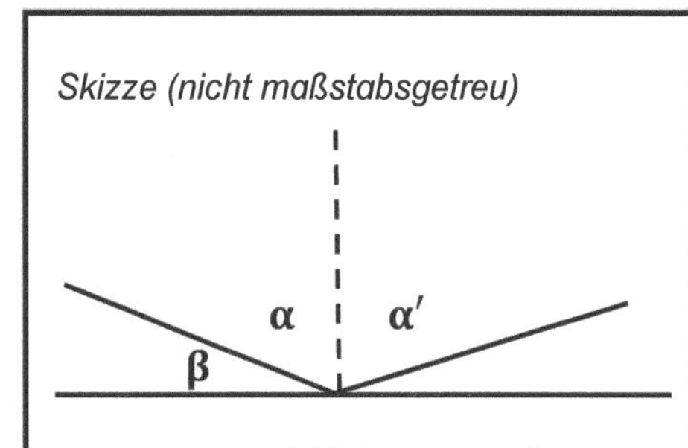

$\beta = 30° \rightarrow \alpha = 90° - 30° = 60°$
Aus dem Reflexionsgesetz folgt:
$\alpha' = \alpha = 60°$
$\alpha + \alpha' = 60° + 60° = 120°$
Der Winkel zwischen einfallendem und reflektiertem Lichtstrahl beträgt 120°.

Lösungen

5 Die Reflexion des Lichtes

Aufgabe 7:
(a) Das Lot dreht sich um **20°**.
(b) Der reflektierte Lichtstrahl dreht sich um **40°**.
(c) Der reflektierte Lichtstrahl dreht sich allgemein um das **Doppelte** wie der Spiegel.

Aufgabe 8:
a) Zutreffend ist C v_s = 60 km/h
b) Begründung:
Das Auto legt tatsächlich (vor der spiegelnden Scheibe) in der Zeit t den Weg s mit der Geschwindigkeit $v = \frac{s}{t}$ zurück. Im Spiegel legt es aber in der gleichen Zeit t den Weg s + s' = 2s zurück. Daraus folgt für die Geschwindigkeit der Scheinbewegung $v_s = 2\frac{s}{t} = 2 \cdot v$.

Aufgabe 9: Vergleiche die Eigenschaften der Bilder eines ebenen Spiegels und einer Lochkamera.

	Ebener Spiegel	**Lochkamera**
Reelles oder virtuelles Bild?	virtuell	reell
Bildweite in Vergleich zur Gegenstandsweite	Bildweite und Gegenstandsweite sind gleich.	Die Bildweite wird durch die Position des Bildschirmes bestimmt und kann somit verschiedene Werte annehmen. (Bildweite und Gegenstandsweite sind nur im Spezialfall gleich.)
vergrößertes, verkleinertes oder gleichgroßes Bild?	Bild- und Gegenstandsgröße sind stets gleich.	Das Bild kann größer, kleiner oder gleich groß wie das Original sein. Das ist bei fester Bildweite von der Gegenstandsweite abhängig.
aufrechtes oder umgekehrtes Bild	aufrecht	umgekehrt
seitengerechtes oder seitenvertauschtes Bild	**siehe „Umstülpung“** Spiegelparadoxon	seitenvertauscht

Kurioses – in der Physik oder im Kopf

Aufgabe 10: **Das Spiegelparadoxon**
Vertauscht ein ebener, senkrecht positionierter Spiegel …

bei Beobachtung aus Blickrichtung (1)	
A … „oben“ und „unten“?	☒ II „nein“
B … „rechts“ und „links“?	☒ II „nein“
C … „vorne“ und „hinten“?	☒ I „ja“
bei Beobachtung aus Blickrichtung (2)	
A … „oben“ und „unten“?	☒ II „nein“
B … „rechts“ und „links“?	☒ I „ja“
C … „vorne“ und „hinten“?	☒ II „nein“

Lösungen

5 Die Reflexion des Lichtes

5.3 Reflexion und Bildentstehung am Hohlspiegel

Aufgabe 1: Archimedes soll im Krieg die Schiffe der Römer über große Entfernung mit Hilfe von Spiegeln, die das Sonnenlicht umlenkten und fokussierten, in Brand gesetzt haben.

Aufgabe 2: Physikalische Entdeckungen und Erfindungen des Archimedes (beispielsweise): Auftriebskraft auf Körper in Flüssigkeiten, Hebelgesetz, „Archimedische Schraube", Wurfmaschinen, Seilwinden

Aufgabe 3: Rasier- und Kosmetikspiegel, Mundspiegel beim Zahnarzt, Stirnspiegel des Arztes zur medizinischen Diagnostik (u. a. beim Hals-Nasen-Ohrenarzt), in Solarkraftwerken zur Erhitzung von Wasser, als Spiegelteleskope in der Astronomie

Aufgabe 4: Die nahezu parallel auf den Hohlspiegel eines Solarkraftwerkes einfallenden Sonnenstrahlen werden zu dessen Brennpunkt hin reflektiert. Dort wird die Energie des Sonnenlichtes konzentriert, so dass die sehr hohen Temperaturen ausreichen, um Wasser im Bereich des Brennpunktes zu verdampfen. Der Wasserdampf treibt dann wie in einem Wärmekraftwerk Turbinen an, die an einen elektrischen Generator gekoppelt sind.

Aufgabe 5:

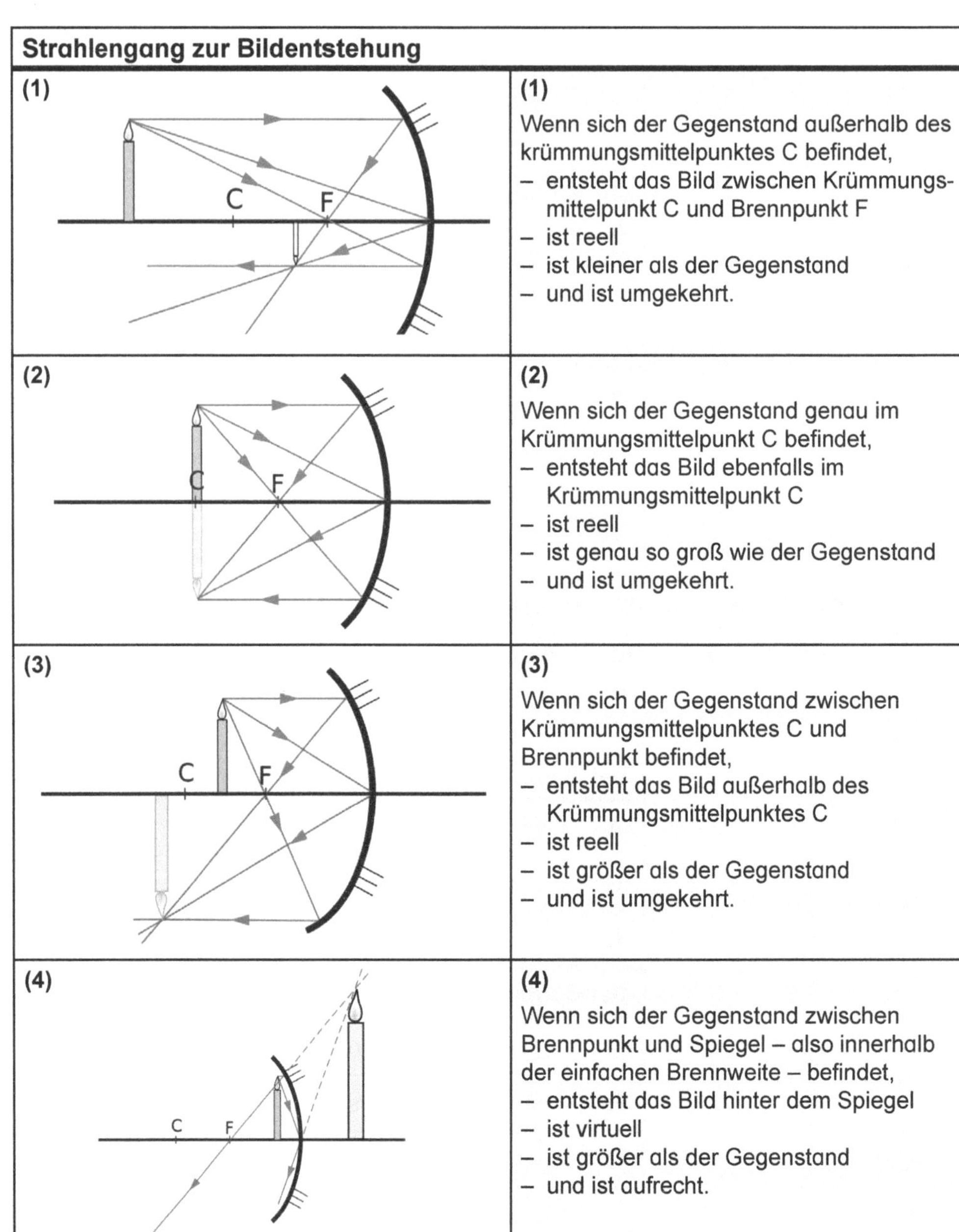

Strahlengang zur Bildentstehung	
(1)	**(1)** Wenn sich der Gegenstand außerhalb des krümmungsmittelpunktes C befindet, – entsteht das Bild zwischen Krümmungsmittelpunkt C und Brennpunkt F – ist reell – ist kleiner als der Gegenstand – und ist umgekehrt.
(2)	**(2)** Wenn sich der Gegenstand genau im Krümmungsmittelpunkt C befindet, – entsteht das Bild ebenfalls im Krümmungsmittelpunkt C – ist reell – ist genau so groß wie der Gegenstand – und ist umgekehrt.
(3)	**(3)** Wenn sich der Gegenstand zwischen Krümmungsmittelpunktes C und Brennpunkt befindet, – entsteht das Bild außerhalb des Krümmungsmittelpunktes C – ist reell – ist größer als der Gegenstand – und ist umgekehrt.
(4)	**(4)** Wenn sich der Gegenstand zwischen Brennpunkt und Spiegel – also innerhalb der einfachen Brennweite – befindet, – entsteht das Bild hinter dem Spiegel – ist virtuell – ist größer als der Gegenstand – und ist aufrecht.

Lösungen

5 Die Reflexion des Lichtes

5.3 Reflexion und Bildentstehung am Hohlspiegel

Aufgabe 6:

- Strahl (1) fällt im Punkt P des Hohlspiegels ein.
- Die Strecke $\overline{CP}$ ist gleich dem Kugelradius und bildet einen Teil der optischen Achse g.
- t ist Tangente an die Kugel (den Kreis in der Schnittebene) im Punkt P.
- Berührungsradius und Tangente im Berührungspunkt stehen senkrecht aufeinander.
- Folglich kann g als Einfallslot zum Strahl (1) betrachtet werden und Strahl (1) wird nach dem Reflexionsgesetz zum ausfallenden Strahl (2) reflektiert.

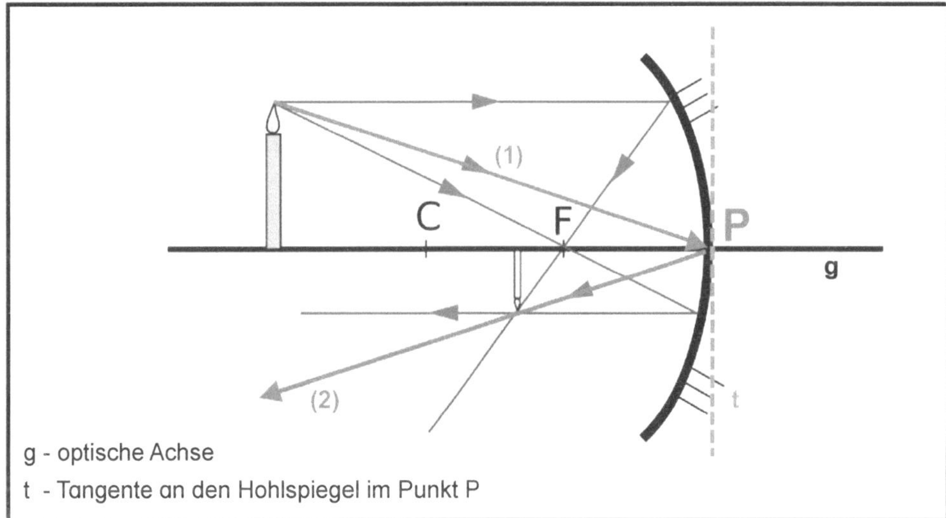

g - optische Achse
t - Tangente an den Hohlspiegel im Punkt P

Aufgabe 7: Eigenschaften der Bilder von Wölbspiegeln:

- virtuell (hinter dem Spiegel)
- aufrecht
- verkleinert

Aufgabe 8:

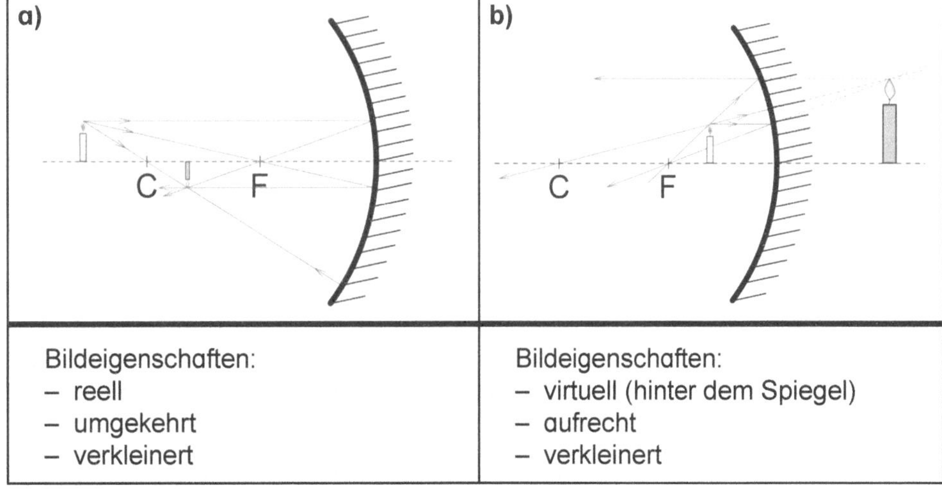

a)	b)
Bildeigenschaften: – reell – umgekehrt – verkleinert	Bildeigenschaften: – virtuell (hinter dem Spiegel) – aufrecht – verkleinert

Lösungen

6 Brechung des Lichtes an Grenzflächen und Brechungsgesetz

Aufgabe 1:

a) Ein gerader Bleistift erscheint an der Oberfläche des Wassers, welches sich im Glas befindet, geknickt.

b) Ursache dafür ist die „Knickung" (Richtungsänderung) des Lichtstrahls an der Grenzfläche Luft-Wasser.

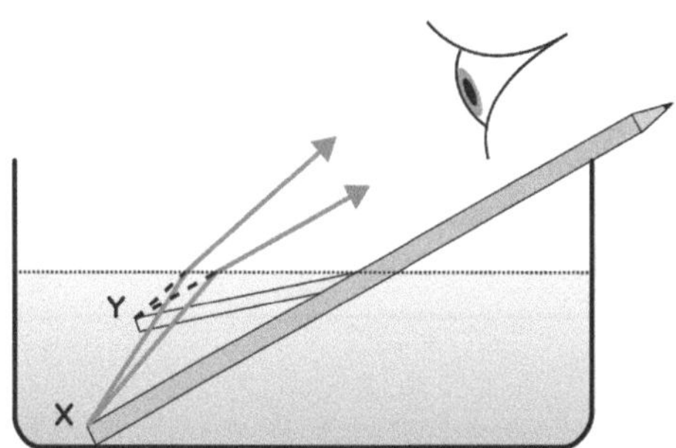

Aufgabe 2:

gegeben: $\alpha = 30°$, $n_1 = 1{,}000292$ (Luft), $n_2 = 1{,}46$ (Quarzglas) – siehe Tabelle auf Blatt 1
gesucht: β
Lösung: $n_1 \cdot \sin\alpha = n_2 \cdot \sin\beta$

$$\sin\beta = \sin\alpha \cdot \frac{n_1}{n_2} = \sin 30° \cdot \frac{1{,}000292}{1{,}46} = 0{,}34256575342\ldots$$

$$\beta = 20{,}033\ldots° \approx 20°$$

Der Brechungswinkel beträgt etwa 20°.

Aufgabe 3:

a) Es kommt sowohl zur Reflexion als auch zur Brechung.

b) Einfallswinkel $\alpha = 60°$ und Brechungswinkel $\beta \approx 35°$

c) gegeben: $\alpha = 60°$, $\beta \approx 35°$, $n_1 = 1{,}000292$ (Luft),
gesucht: n_2 (Plexiglas)
Lösung: $n_1 \cdot \sin\alpha = n_2 \cdot \sin\beta$

$$n_2 = n_1 \cdot \frac{\sin\alpha}{\sin\beta} \approx 1{,}000292 \cdot \frac{\sin 60°}{\sin 35°} \approx 1{,}51$$

Der Brechungsindex von Plexiglas wurde bei diesem Experiment mit etwa 1,5 ermittelt.

d) Zutreffend ist: C etwa 19,5°
Begründung: $\sin\beta \approx \sin 30° \cdot \frac{1{,}000292}{1{,}5} \approx 0{,}333 \rightarrow \beta \approx 19{,}5°$

Aufgabe 4:

Individuelle Antworten zur Aufklärung des scheinbaren Widerspruchs.
Inhaltlich: Die Totalreflexion im Lichtleitkabel macht die Lichtübertragung entlang eines gekrümmten Weges möglich.

Aufgabe 5:

In das Schema einzutragen sind unter anderem:

- flexible Endoskope zur medizinischen Diagnostik körperinnerer Organe
- endoskopische technische Prüfungen
- Glasfaserkabel zur Übertragung von Nachrichten (Telefon, Internet)
- interkontinentale Seekabel
- Beleuchtung, Anzeige und Dekoration

Aufgabe 6:

Legende:
n_1 und n_2 sind die Brechungszahlen der verschiedenen Medien

θ_1 Einfallswinkel des steil einfallenden Strahls

θ_2 Brechungswinkel des steil einfallenden Strahls

θ_c Grenzwinkel

θ_3 Einfallswinkel = Reflexionswinkel beiTotalreflexion

Beim Eintritt des Lichtstrahls vom optisch dichteren in ein optisch dünneres Medium i ist der Brechungswinkel stets ***größer*** als der Einfallswinkel, falls es noch nicht zur Totalreflexion gekommen ist.

Lösungen

6 Brechung des Lichtes an Grenzflächen und Brechungsgesetz

Aufgabe 7:

1 – Kern 2 – Mantel mit $n_{Kern} > n_{Mantel}$ 3 – Schutzbeschichtung 4 – äußere Hülle Der Mantel besteht dazu meist aus reinem Quarzglas (SiO_2). Der höhere Brechungsindex im Kern wird durch Dotierung des Quarzglases mit Germanium oder Phosphor erreicht. Die Bedingung $n_{Kern} > n_{Mante}$ ermöglicht Totalreflexion. *(Bild und Fakten entnommen aus: https://de.wikipedia.org/wiki/Lichtwellenleiter)*	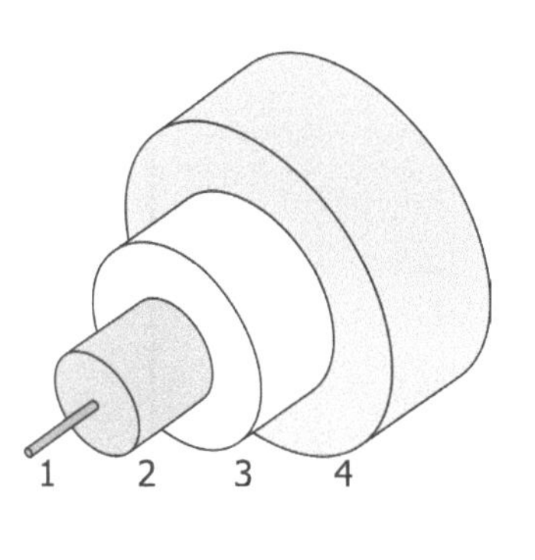

7 Optische Linsen

7.1 Lichtbrechung, Begriffe und Strahlenverlauf an optischen Linsen

Aufgabe 1:

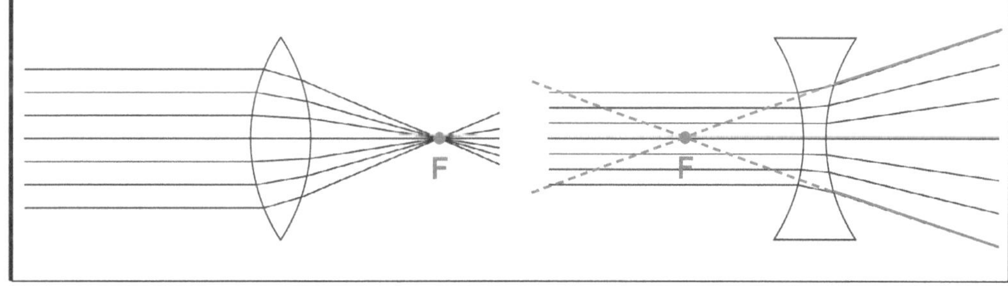

Aufgabe 2: Glasscherben bündeln Sonnenstrahlen wie optische Linsen. Die Energie des Sonnenlichts wird im Brennpunkt konzentriert, wo sehr hohe Temperaturen erreicht werden, welche möglicherweise ausreichen, trockenes Gras zu entzünden und einen Waldbrand auszulösen.

Aufgabe 3:

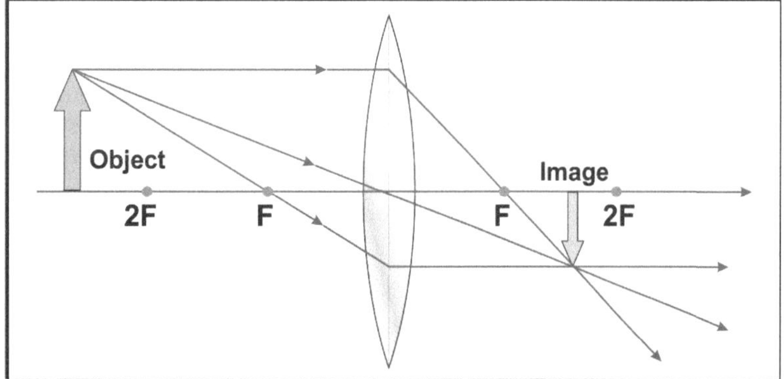

7.2 Bildentstehung bei Sammel- und Zerstreuungslinsen

Aufgabe 1: Der Gegenstand befindet sich innerhalb der einfachen Brennweite

a) einer Sammellinse: Das Bild ist aufrecht, vergrößert und virtuell.

b) einer Zerstreuungslinse: Das Bild ist aufrecht, verkleinert und virtuell.

Lösungen

7 7.2 Bildentstehung bei Sammel- und Zerstreuungslinsen

Aufgabe 2: Zerstreuungslinsen als Okular bilden Objekte aufrecht ab, was für Beobachtungen auf der Erde sinnvoll ist.

Niederländisches Fernrohr:

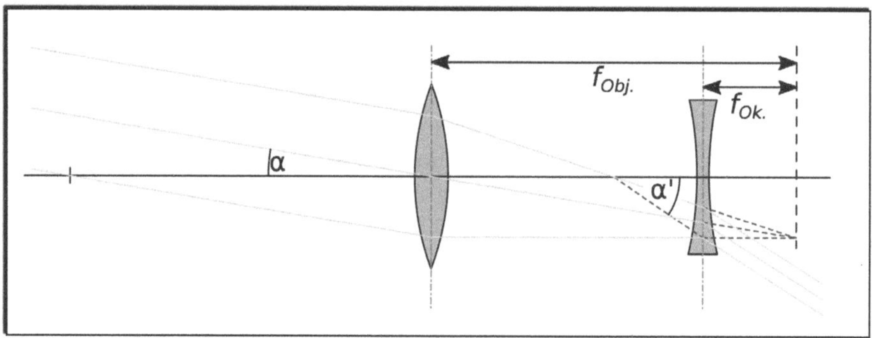

Keplersches Fernrohr:

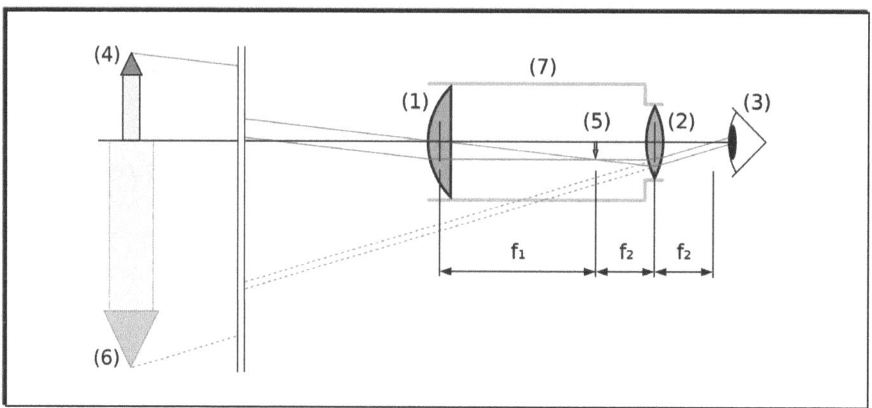

Aufgabe 3: Beschreibe zur Übersicht auf Blatt 2 die wesentlichen Merkmale des Bildes in Abhängigkeit von der Gegenstandsweite verbal in Stichpunkten.

Fall	Gegenstand	Eigenschaften des Bildes
A	innerhalb der einfachen Brennweite einer **Sammellinse** $g < f$	auf der gleichen Seite der Linse wie der Gegenstand, virtuell, vergrößert, aufrecht
B	im Brennpunkt einer **Sammellinse** $g = f$	Es entsteht kein Bild.
C	zwischen einfacher und doppelter Brennweite einer **Sammellinse** $f < g < 2f$	auf der anderen Seite der Linse wie der Gegenstand, außerhalb der doppelten Brennweite, reell, vergrößert, umgekehrt
D	in der doppelten Brennweite einer **Sammellinse** $g = 2f$	auf der anderen Seite der Linse wie der Gegenstand, genau in der doppelten Brennweite, reell, genau so groß wie der Gegenstand, umgekehrt
E	außerhalb der doppelten Brennweite einer **Sammellinse** $g > 2f$	auf der anderen Seite der Linse wie der Gegenstand, zwischen einfacher und doppelter Brennweite, reell, verkleinert, umgekehrt
F	zwischen einfacher und doppelter Brennweite einer **Zerstreuungslinse** $f < g < 2f$	auf der gleichen Seite der Linse wie der Gegenstand, virtuell, verkleinert, aufrecht

Lösungen

7 7.3 Abbildungs- und Linsengleichung

Aufgabe 1:

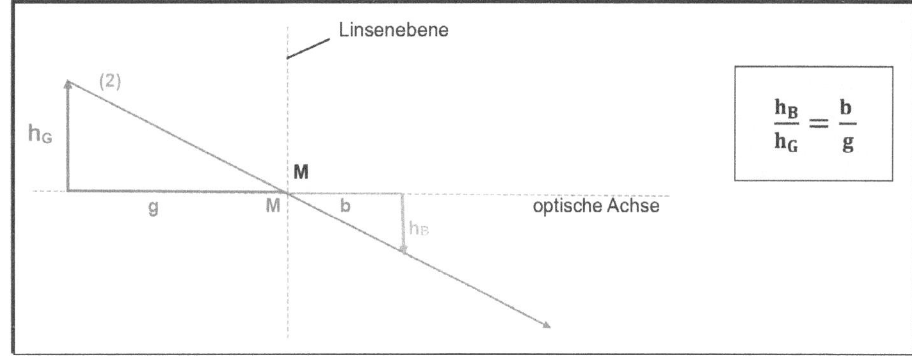

Aufgabe 2: Aus $\frac{h_B}{h_G} = \frac{b}{g}$ folgt $h_B = \frac{b}{g} \cdot h_G$

$h_B = \frac{24}{40} \cdot 25$ (alle Angaben in cm)

$h_B = 15$

Das Bild ist 15 cm hoch.

Aufgabe 3: **Nur für Experten!**

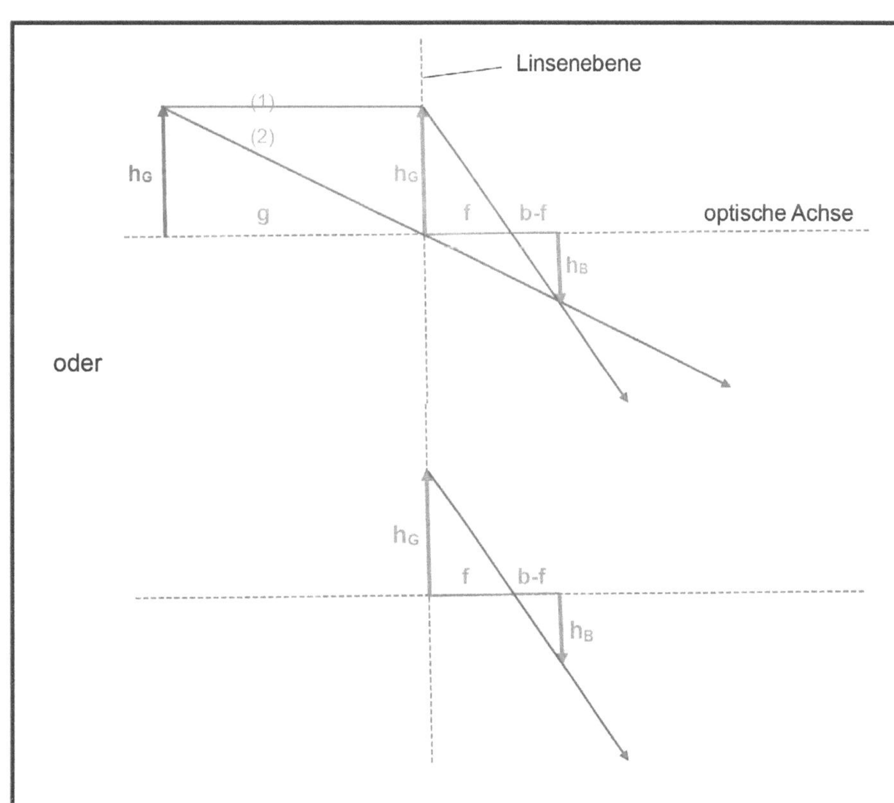

(I) $\frac{h_B}{h_G} = \frac{b}{g}$ und (I*) $\frac{h_B}{h_G} = \frac{b-f}{f}$

$$\frac{b}{g} = \frac{b-f}{f}$$

$$\frac{b}{g} = \frac{b}{f} - 1 \rightarrow \frac{b}{g} + 1 = \frac{b}{f} \quad |: b$$

$$\rightarrow \text{(II)} \quad \frac{1}{g} + \frac{1}{b} = \frac{1}{f}$$

Lösungen

7.3 Abbildungs- und Linsengleichung

Aufgabe 4: Richtig ist: **D** $b = \frac{f \cdot g}{g - f}$

Aufgabe 5: **a)** Aus den in der Aufgabe formulierten Bedingungen ergibt sich folgendes Gleichungssystem:

I $b = 4 \cdot g$ folgt aus der Abbildungsgleichung (I)

II $b + g = 5\ \text{m}$

Lösen: I → II $4 \cdot g + g = 5\ \text{m}$

$5 \cdot g = 5\ \text{m}$

$g = 1\ \text{m} \rightarrow b = 4\ \text{m}$

Die Partyleuchte muss im Abstand von 1 m vom Objektiv aufgestellt werden. Das Objektiv muss von der Wand 4 m entfernt sein.

b) Berechnung der Brennweite:

$$\frac{1}{g} + \frac{1}{b} = \frac{1}{f} \rightarrow \frac{1}{1\ \text{m}} + \frac{1}{4\ \text{m}} = \frac{1}{f} \rightarrow \frac{4}{4\ \text{m}} + \frac{1}{4\ \text{m}} = \frac{1}{f} \rightarrow \frac{5}{4\ \text{m}} = \frac{1}{f} \quad f = \frac{4\ \text{m}}{5} = 0{,}8\ \text{m}$$

Es wird ein Objektiv mit einer Brennweite von 80 cm benötigt.

7.4 Das menschliche Auge

Aufgabe 1:

Nr.	Bezeichnung	Funktion
1	Lederhaut (*Sclera*)	Sie umschließt das Auge (Augapfel) fast vollständig und schützt es vor äußeren Einwirkungen.
2	Aderhaut (*Choroidea*)	Mit ihren zahlreichen Blutgefäßen versorgt sie das Auge mit Nährstoffen.
3	Schlemm-Kanal (*Sinus venosus sclerae*)	Er bildet den zentralen Abflussweg für das Kammerwasser, welches auch den Augeninnendruck beeinflusst.
4	Arterieller Gefäßring (*Circulus arteriosus iridis major*)	Der Circulus arteriosus iridis major versorgt unter anderem die Iris und den Ziliarkörper.
5	Hornhaut (*Cornea*)	Sie leistet als frontaler Abschluss des Augenkörpers (Augapfels) den Hauptanteil der Lichtbrechung.
6	Regenbogenhaut (*Iris*)	Die Iris ist die Blende des Auges. Ihre Muskulatur reguliert durch die Veränderung des Pupillen-durchmessers den Lichteinfall in das Auge.
7	Pupille (*Pupilla*)	Die Pulle ermöglicht als „Sehloch" den Lichteinfall ins Auge.
8	vordere Augenkammer (*Camera anterior bulbi*)	Sie beinhalten das Kammerwasser, welches Hornhaut und Linse mit Nährstoffen versorgt.
9	hintere Augenkammer (*Camera posterior bulbi*)	
10	Ziliarkörper (*Corpus ciliare*)	Der Ziliarkörper dient der Aufhängung der Linse und zur Anpassung von deren Brechkraft.
11	Linse (*Lens*)	Die Linse bündelt als Sammellinse das durch die Pupille eintretende Licht so, dass auf der Netzhaut ein scharfes Bild entstehen kann.
12	Glaskörper (*Corpus vitreum*)	Die gelartige Masse des Glaskörpers dient unter anderem zur Erhaltung der Augapfelform und zum Schutz der Netzhaut.
13	Netzhaut (*Retina*) und Pigmentepithel	Die lichtempfindlichen Sinneszellen der Netzhaut dienen als „Bildschirm" zur Abbildung der Realität.
14	Sehnerv (*Nervus opticus*)	Der Sehnerv dient als „Sehleitung" zur Vermittlung des optischen Bildes auf der Netzhaut zur Verarbeitung im Gehirn.
15	Zonulafasern (*Fibrae zonulares*)	Die Zonulafasern halten die Linse und arbeiten mit dem Ziliarmuskel zur Veränderung der Linsenwölbung zusammen.

Lösungen

7 7.5 Die Lupe

Aufgabe 1: Steckbrief zur Lupe:

- Verwendungszweck: kleines, transportables Teil zum Vergrößern (von Schriften, Briefmarken, Insekten usw.)
- Art des optischen Elements: Sammellinse mit kleiner Brennweite, Fassung und Griff
- physikalische Grundlagen: Erzeugung eines virtuellen, vergrößerten, aufrechten Bildes durch Lichtbrechung
- bekannt seit: Die Erfindung der Lupe als optisches Instrument wird dem arabischen Gelehrten Abu Ali al-Hasan Ibn Al-Haitham im 11. Jahrhundert zugeschrieben.

Aufgabe 2:

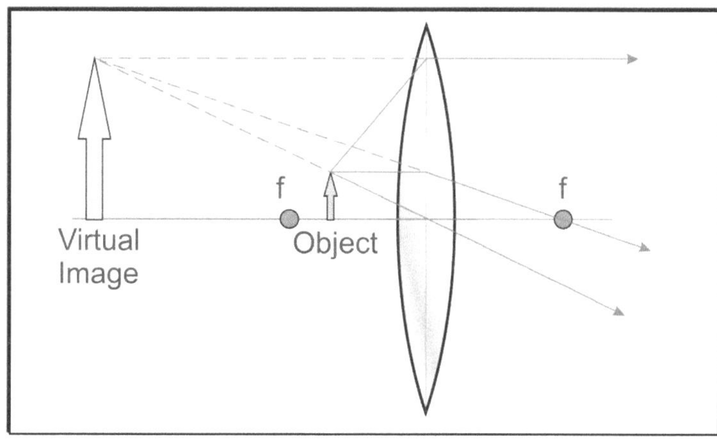

Aufgabe 3:

- Die Konvexlinse bündelt einfallende Sonnenstrahlen und damit die Energiedichte es Lichts so stark im Brennpunkt, sodass brennbares Material wie Papier oder ähnliches entzündet werden kann.
- Lupen sind deshalb bei direkter Sonneneinstrahlung feuergefährlich.
- Lupen, die nicht in Benutzung sind, müssen in einem lichtsicheren Behältnis verwahrt werden.

7.6 Aufbau und Funktion des historischen astronomischen Fernrohrs

Aufgabe 1: Wesentliche Funktionen eines Fernrohrs zur Beobachtung astronomischer Objekte:

- Die Bilder weit entfernter Objekte als reelle Zwischenbilder näherbringen
- Die stark verkleinerten reellen Zwischenbilder um ein Vielfaches vergrößern

Aufgabe 2: Während in dem von Galilei benutzten *Niederländischen Fernrohr* als Okular eine Zerstreuungslinse verwendet wurde, welche in Kombination mit der konvexen Objektivlinse letztlich ein aufrechtes Bild erzeugt, verwendete Kepler als Okular eine Sammellinse, sodass in Kombination mit der konvexen Objektivlinse ein umgekehrtes Bild des Objekts entsteht, welches allerdings schärfer und heller als das Bild des *Niederländischen Fernrohres* ist.

Aufgabe 3:

(1) Von sehr weit entfernten astronomischen Objekten fällt das Licht nahezu ***parallel*** ein.

(2) Diese ***Parallelstrahlen*** werden vom Objektiv zu dessen ***Brennpunkt*** F_{OB} hin gebrochen, wo ein sehr kleines, ***reelles*** und ***umgekehrtes*** Zwischenbild erzeugt wird.

(3) Das Okular, dessen Brennpunkt F_{OK} mit dem Brennpunkt des Objektivs F_{OB} zusammenfällt, bricht die ***Brennpunktstrahlen*** zu Parallelstrahlen, die zum Auge gerichtet werden. Dabei entspricht die Funktion des Okulars dem einer ***Lupe***.

(4) Das Auge nimmt ein vergrößertes, ***virtuelles*** Bild wahr.

(5) Für die Länge l des Fernrohres gilt: $\mathbf{l = f_{Ob} + f_{Ok}}$.

Lösungen

7 7.6 Aufbau und Funktion des historischen astronomischen Fernrohrs

Aufgabe 4:

Zeit	Art des Teleskops
seit 1608	Linsenteleskop (auch: Fernrohr) als optisches Teleskop, Galilei-Fernrohr (Niederländisches Fernrohr) und Kepler-Fernrohr Grundprinzip: Lichtbrechung
1670 wesentliche Prototypen 1900 Weiterentwicklung	Spiegelteleskop als optisches Teleskop zum Beispiel Newton-Teleskop Grundprinzip: Reflexion des Lichtes
seit 1932	Radioteleskop zum Empfang von Signalen außerirdischer Radioquellen

7.7 Das Spiegelteleskop

Aufgabe 1:

(1) Tubus

(2) einfallender Lichtstrahl

(3) Primärspiegel

(4) Sekundärspiegel

(5) Okular/Bildebene

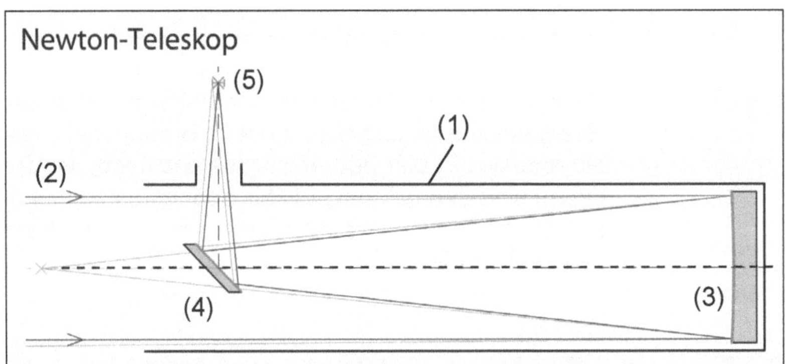

Aufgabe 2: Neben Beobachtungen im Bereich des sichtbaren Lichts sind Spiegelteleskope im Gegensatz zu Linsenteleskopen auch für einen weiten Bereich des elektromagnetischen Spektrums, vom Ultraviolett bis zum fernen Infrarot – den Strahlungen aus fernen Galaxien – geeignet.

Aufgabe 3: Bedeutendste physikalische Leistungen von Isaak Newton:

- Formulierung der Bewegungsgesetze (Trägheit, Zusammenhang zwischen Kraft, Masse und Beschleunigung, Kraft und Gegenkraft)
- Formulierung des Gravitationsgesetzes und Erforschung der Schwerkraft – eingebunden in seine umfassende, im Kosmos gültige Gravitationstheorie
- Dispersion des Lichtes und sein Farbspektrum

Aufgabe 4: Seit dem Altertum beobachteten die Menschen die Gestirne und konnten mit bloßem Auge die Planeten Merkur, Venus, Mars, Jupiter und Saturn erkennen. Am 13. März 1781 entdeckte Wilhelm Herschel bei seinen üblichen Himmelsbeobachtungen mit einem selbst hergestellten Spiegelteleskop ein bisher unbekanntes Objekt, bei welchem es sich um einen weiteren Planeten handeln musste. Dieser Planet wurde später „Uranus" genannt. Damit waren die Erkenntnis über das Sonnensystem und seinen nachgewiesenen räumlichen Umfang gewachsen, was ohne die fortgeschrittene Technik der astronomischen Beobachtungsinstrumente nicht möglich gewesen wäre.

Lösungen

7 7.6 Aufbau und Funktion des historischen astronomischen Fernrohrs

Aufgabe 5: Steckbrief des „Gran Telescopio Canarias“ (GTC):

- Land: Spanien
- Standort:
  Roque de los Muchachos auf der Kanareninsel La Palma in 2267 m Höhe
- Inbetriebnahme: 2007
- Spiegeldurchmesser: 10,4 m
- Besonderheiten des Spiegels:
  segmentierter Primärspiegel bestehend aus 36 sechseckigen Einzelspiegeln
- Empfangener Wellenlängenbereich:
  optisches Teleskop, Nah- bis Mittel-Infrarotwellen

Aufgabe 6: Radioteleskope dienen zum Empfangen und Messen der aus dem Weltall kommenden langwelligen Radiofrequenzstrahlung, die außerhalb des Frequenzbereichs von „Licht“ liegt. Die parabolisch geformte Metallfläche bündelt die Radiowellen zur eigentlichen Antenne hin.

7.8 Das Lichtmikroskop

Aufgabe 1: Der Bildentstehung liegen prinzipiell die Fälle (Bilder) „C“ und „A“ der Übersicht auf Seite 37 zugrunde.
Der Gegenstand befindet sich zwischen einfacher und doppelter Brennweits des Objektivs, welches ein reelles, umgekehrtes, vergrößertes Zwischenbild innerhalb der Brennweite des Okulars erzeugt. Das Okular erzeugt von diesem Zwischenbild ein virtuelles, aufrechtes, vergrößertes Bild, welches von unserem Auge wahrgenommen wird.

Bildentstehung beim Lichtmikroskop	
am Objektiv	am Okular
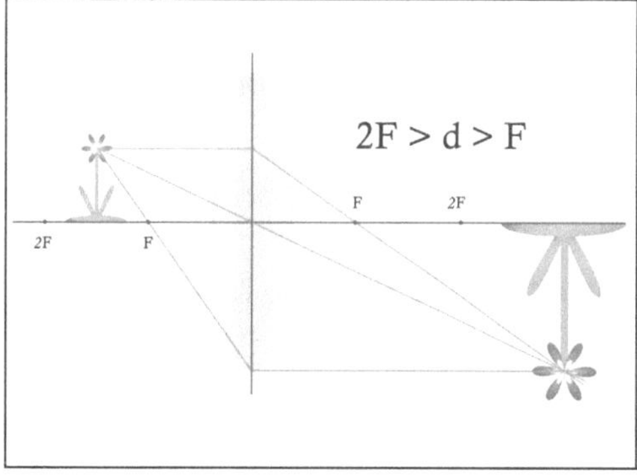 2F > d > F F 2F 2F F	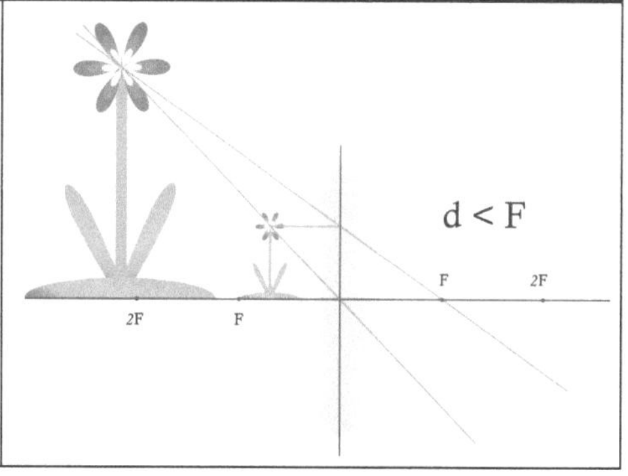 d < F F 2F 2F F

Aufgabe 2:

A Tubus mit Okular
B Objektiv
C Objektträger
D Beleuchtungslinsen
E Objekttisch
F Beleuchtungsspiegel

Aufgabe 3: Elektronenmikroskop und Rasterkraftmikroskop (atomares Mikroskop)

Lösungen

8 Das Farbspektrum des Lichts

8.2 Der Regenbogen als optisches Naturphänomen

Aufgabe 1:

a) Im Regentropfen erfolgt die Brechung des Lichtes mit Dispersion und Reflexion.

b) Der Regentropfen ist in seiner optischen Wirkung mit einem Prisma vergleichbar.

8.3 Die Farben des Lichts – ein kleines Quiz

Aufgabe:

Zutreffend sind folgende Antworten:

1. C Isaac Newton
E Johann Wolfgang von Goethe

2. A Ein Teil des Sonnenlichts zeigt die sichtbaren Spektralfarben Rot, Orange, Gelb, Grün, Blau, Indigo, Violett.
B Sonnenlicht enthält auch nicht sichtbare Anteile.
C Die Spektralfarben des Sonnenlichts kann man auch im Regenbogen erkennen.

3. C ... Dispersion.

4. A ... die unterschiedlich starke Brechung der Lichtkomponenten verschiedener Wellenlängen.

5. B ... wird violettes Licht am stärksten abgelenkt.
C ... wird blaues Licht stärker abgelenkt als rotes.

6. B ... ein Phänomen, welches sowohl in der Sagenwelt wie in der Kunst Eingang findet.
C ... eine real existierende physikalische Erscheinung.

7. A S – B – R

8. C bleibt stets konstant, denn der Regenbogen entfernt sich im gleichen Maß vom Beobachter, wie sich dieser dem Regenbogen anzunähern versucht.

9. A „Optik oder eine Abhandlung über die Reflexion, Brechung, Beugung und die Farben des Lichtes“

C „Philosophiae Naturalis Principia Mathematica"

Lösungen

9 Das große Optikrätsel

Rätselfeld

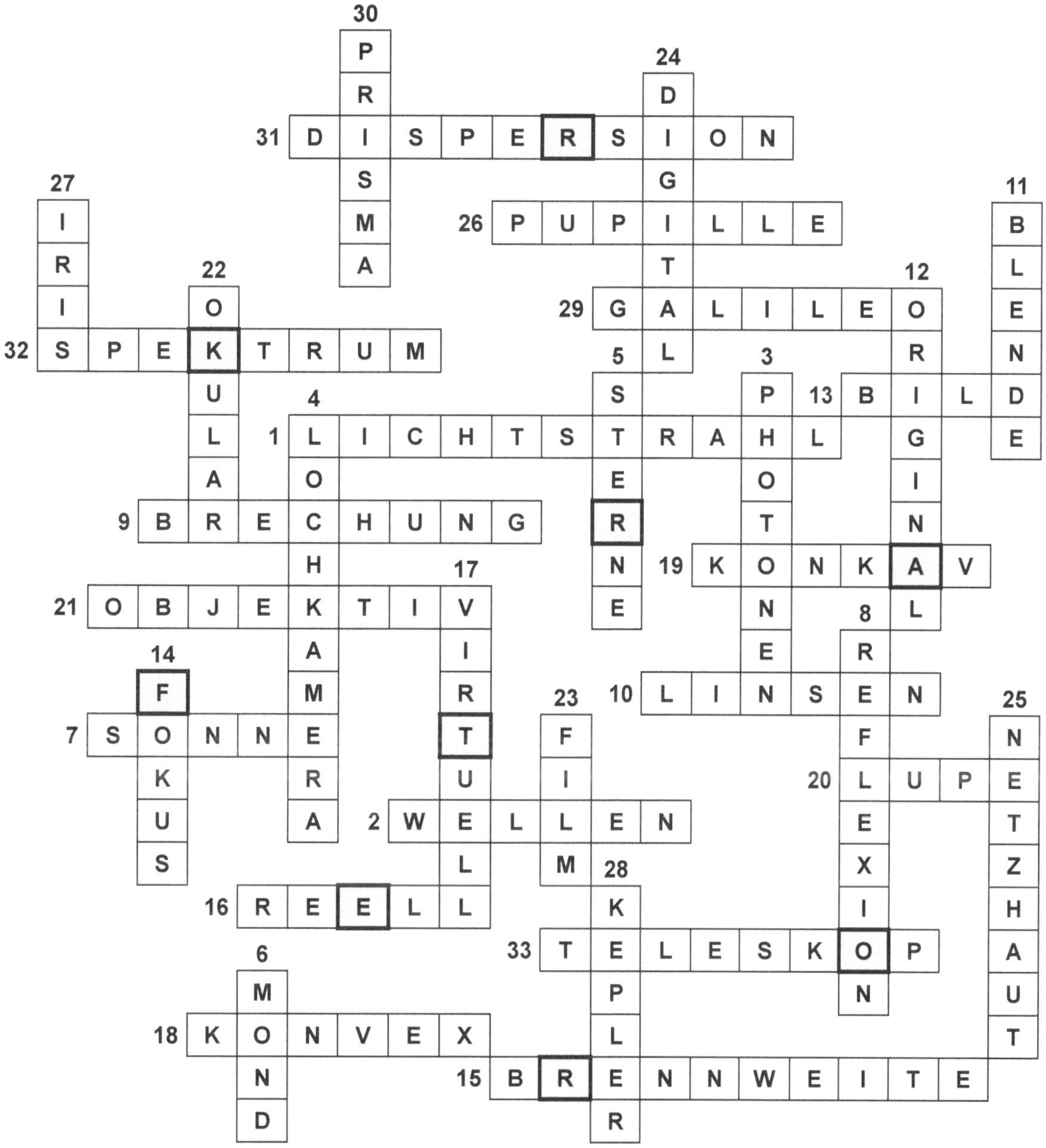
1 LICHTSTRAHL
2 WELLEN
3 PHOTONEN
4 LOCHKAMERA
5 STERNE
6 MOND
7 SONNE
8 REFLEXION
9 BRECHUNG
10 LINSEN
11 BLENDE
12 ORIGINAL
13 BILD
14 FOKUS
15 BRENNWEITE
16 REELL
17 VIRTUELL
18 KONVEX
19 KONKAV
20 LUPE
21 OBJEKTIV
22 OKULAR
23 FILM
24 DIGITAL
25 NETZHAUT
26 PUPILLE
27 IRIS
28 KEPLER
29 GALILEO
30 PRISMA
31 DISPERSION
32 SPEKTRUM
33 TELESKOP

Lösungswort: R E F R A K T O R

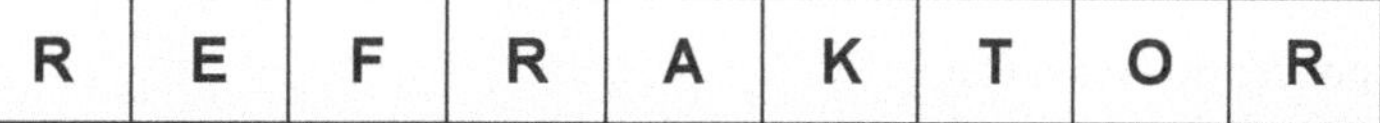

Bildquellen

Bildquellen © AdobeStock.com:

S. 3: Daniel;
S. 4: Steve Young (3x);
S. 5: GraphicZone, IconWeb, Andrea Danti;
S. 6: fabrice rousselot, rufat119;
S. 7: gnurf
S. 8: Morphart;
S. 9: mari2d;
S. 10: Stockgiu, kongvector;
S. 11: Svitlana, Stockgiu;
S. 12: kongvector, Daniel Berkmann;
S. 13: illustratiostock;
S. 14: Stitch, Morphart;
S. 15: luckinout, J J Osuna Caballero, Eugen Thome, jh312, Maksym Yemelyanov, magraphics;
S. 16: SAMYA, Faiz, kongvector;
S. 17: Steve Young, gulsah, Radicik;
S. 18: Romolo Tavani, Natalja, atiger, Bas Meelker, Ajamal;
S. 19: Steve Young, Svitlana, wabeno;
S. 20: koosen, barbulat;
S. 21: Steve Young, Cienpies Design;
S. 22: Faiz (2x), Steve Young, pixelrobot;
S. 23: VectorMine, Steve Young
S. 24: Michael Eichhammer, ayselucar;
S. 25: Nandalal, Svitlana, Melek;
S. 26: Radicik, dataimasu, alejomiranda;
S. 27: Steve Young;
S. 28: Steve Young, VECTOR ACROBAT2022, Montree;
S. 29: Radicik (bearb.2x), Co-Design;
S. 30: LuckySoul, barbulat, vectorkif, Steve Young;
S. 31: Steve Young;
S. 32: fabrice rousselot, Steve Young, SciePro, crevis, alinaosadchenko;
S. 34: Faiz (bearb.);
S. 35: EinBlick, Bruno Herold, bennytrapp;
S. 36: Faiz (2x), Steve Young tanyushka81_81;
S. 37: Pyrajak;
S. 38: Steve Young;
S. 39: Daniel;
S. 40: Steve Young;
S. 41: Andrea Danti;
S. 42: HitToon.com;
S. 43: Steve Young, diego1012, Flatman vector 24, Faiz (bearb.);
S. 45: artbalitskiy;
S. 46: Eduardo;
S. 48: heriyusuf;
S. 49: Archivist;
S. 50: marotarou, Hans-Jürgen Meinel, Aliaksandr Marko;
S. 51: Rolling Stones;
S. 52: blueringmedia, coolvectormaker, petrroudny;
S. 53: krissikunterbunt, SAMYA;
S. 54: gfx_nazim, Helen;
S. 55: wanwipa, Steve Young (2x), Lelakordrawings;
S. 56: fotomowo;
S. 57: DigiProper, fabrice rousselot;
S. 65: Radicik (bearb.2x);
S. 67: Fiedels, Faiz;
S. 71: Faiz;
S. 73: ser68orion (2x)

Bildquellen © wikimedia.org:

S. 8; **S. 12**: User-DrBob; **S. 13**; **S. 18**: User-Mattes; **S. 19**: Pajs; **S. 23**: Johannes Rössel; **S. 24**; **S. 27** (4x); **S. 31**: Zátonyi Sándor; **S. 32**: Cepheiden, Experticuis; **S. 34**: Patrick Klitzke; **S. 38**: E Magnuson; **S. 39**: User-JanB1605; **S. 41**: Talos; **S. 44**: Cepheiden; **S. 47**: RMG_F8661_(cropped); **S. 48**:TamásTamasflex, ArtMechanic; **S. 49**: Popular Graphic Arts; **S. 51**: User-Tomia; **S. 55**: titul; **S. 60**: User-DrBob; **S. 64**; **S. 65**; **S. 66**: User Theresa_knott; **S. 67**: Bob Mellish; **S. 68**: LehrerNC, Michael Schmid; **S. 71**